Mathematische Begriffe visualisiert mit Maple V

Springer
Berlin
Heidelberg
New York
Barcelona
Hongkong
London
Mailand
Paris
Singapur
Tokio

T. Westermann • W. Buhmann • L. Diemer
E. Endres • M. Laule • G. Wilke

Mathematische Begriffe visualisiert mit Maple V

für Lehrer und Dozenten

Springer

Kontaktadresse für Hochschulen:
Professor Dr.
Thomas Westermann
Fachhochschule Karlsruhe
Postfach 2440
76012 Karlsruhe, Deutschland
e-mail: westermann@fh-karlsruhe.de

Kontaktadresse für Schulen:
Regierungsschuldirektor
Wolfgang Buhmann
Oberschulamt Karlsruhe
Postfach 4840
76031 Karlsruhe, Deutschland
e-mail: za177@lehrer1.rz.uni-karlsruhe.de

ISBN 3-540-66509-9 Springer-Verlag Berlin Heidelberg New York

Mathematics Subject Classification (1991): 68Q40, 00A20

Die Deutsche Bibliothek - CIP-Einheitsaufnahme
Mathematische Begriffe visualisiert mit Maple V / von Thomas Westermann ... - Berlin; Heidelberg; New York; Barcelona; Hongkong; London; Mailand; Paris; Singapur; Tokio: Springer 1999
ISBN 3-540-66509-9

Einbandgestaltung: *Erich Kirchner*, Springer-Verlag Heidelberg
Satz: Reproduktionsfertige Vorlage der Autoren
SPIN 10734091 40/3143CK-5 4 3 2 1 0 – Gedruckt auf säurefreiem Papier

Vorwort

Die vorliegende CD-ROM *Mathematische Begriffe visualisiert mit Maple V für Lehrer und Dozenten* ist ein Werkzeug, das mathematische Begriffe und Verfahren, vorwiegend aus dem Themenbereich der Oberstufe der Gymnasien und der Anfangssemester an Hochschulen, im Unterricht/in der Vorlesung sichtbar und damit für Schüler und Studenten visuell erfahrbar macht.

Damit wird ein Weg beschritten, der dem erfahrenen Lehrer und Dozenten nicht neu ist; Anschauen und Ausprobieren stellen im Bereich der Mathematik seit Euklid und Galilei ein unverzichtbares didaktisches und wissenschaftliches Mittel zur Gewinnung aber auch zur Einprägung von Erkenntnissen und Kenntnissen dar. Neu ist allerdings, dass konsequent die Hilfsmittel des Computeralgebra-Systems Maple V Rel. 5 verwendet werden, um komplexe graphische Darstellungen sowie numerische und symbolische Berechnungen in einfacher Weise darzustellen.

Durch die große Verbreitung der Computeralgebra-Systeme (CAS) an Schulen und Hochschulen ist es möglich, die Unterrichts-/Vorlesungseinheiten gerade durch die Visualisierungsmöglichkeiten dieser Systeme zu bereichern. Die vielen Animationen auf der CD-ROM entspringen diesem Gedanken. Das Computeralgebra-System Maple bietet die Möglichkeit, die ausgearbeiteten elektronischen Arbeitsblätter (Worksheets) so flexibel zu gestalten, dass sie direkt im Unterricht/Vorlesung als fertige Dokumente benutzt, bei Bedarf aber auch interaktiv mit eigenen Beispielen ausgeführt werden können.

Aus eigener Erfahrung und Anschauung wissen wir, dass sich für Lehrer wie Schüler bei der Anwendung eines CAS zunächst das Problem ergibt, die Syntax dieses mächtigen Werkzeuges zu lernen. Damit ist eine oft längere Übungsphase verbunden bis die „Früchte" der Vorarbeit geerntet werden können. Diese Übungsphase wollen wir weitgehend abkürzen, indem wir die vorliegende CD-ROM so aufbereitet haben, dass vom Anwender nur wenige immer wiederkehrende Eingabeverfahren erwartet werden. Im Vordergrund soll nicht die Erarbeitung der Software stehen, sondern der didaktisch sinnvolle Einsatz. Natürlich konnten auch wir nicht vollständig auf Grundlagen verzichten. Durch eine kurzgefasste Einführung und Bedienungsanleitung sowie ausführliche Hilfe-Dokumente meinen wir jedoch, dass die vorliegende CD-ROM von jedem Lehrer und Dozenten aus dem Bereich der Mathematik/Naturwissenschaften und gegebenenfalls interessierten Schülern und Studenten schnell und nutzbringend angewendet werden kann. Alle Materialien sind auch als HTML-Dokumente vorhanden, so dass Lehrer und Dozenten, die kein Maple zur Verfügung haben, die graphischen Darstellungen sowie die Animationen auf der CD-ROM ebenfalls nutzen können.

Die Themen decken weite Bereiche der Schulmathematik und der einführenden Mathematik an den Fachhochschulen ab. So wurden neben „klassischen" Themen wie Elementare Funktionen, Gleichungen und Vektoren, Analytische Geometrie, Lineare Algebra, Komplexe Zahlen, Differential und Integralrechnung auch neuereThemen wie Iterationsverfahren, Differentialgleichungen, Wachstums und Zerfallsprozesse, Statistik und Wahrscheinlichkeitsrechnung und vieles mehr (insgesamt 37 Themenbereiche) berücksichtigt.

Zum besseren Überblick haben wir die Themen übersichtlich strukturiert und konsequent die Fenstertechnik in Form von Maple-Worksheets in Anwendung gebracht. Diese Strukturierung wurde innerhalb der einzelnen Themen weiterverfolgt, so dass ein schneller Zugriff auf die gewünschte Einzeldarstellung jederzeit möglich ist.

Das vorliegende Buch ist kein klassisches Lehrbuch, in dem die mathematischen Begriffe herkömmlich erklärt werden, sondern es soll ein Leitfaden für die CD-ROM sein, der alle auf der CD-ROM vorhandenen Themen in der dortigen Gliederung aufgreift, kurz beschreibt sowie die Funktion und ihre Visualisierung darstellt. Zudem wird auf alle Einzeldarstellungen innerhalb eines Themas einzeln hingewiesen.

Noch ein Wort zum Einsatz der vorliegenden CD-ROM: Sicher werden auch in Zukunft die „klassischen" Hilfsmittel im Unterricht wie z.B. Tafel und Overheadprojektor weiterhin Anwendung finden und finden müssen. Allerdings „passen" die vorhandenen Folien oft nicht für den gewünschten Einstieg oder die graphische Darstellung und müssten mit erheblichem Zeitaufwand neu erstellt bzw. modifiziert werden. Zudem wünschen wir uns als Lehrende häufig aus der aktuellen Unterrichts-/Vorlesungssituation heraus ein anschauliches Beispiel, das aber als Tafelanschrieb zu zeitaufwendig ist und daher meist unterbleibt.

Wir meinen mit der vorliegenden CD-ROM ein Werkzeug geschaffen zu haben, das *von Lehrern/Dozenten für Lehrer/Dozenten* entwickelt wurde, leicht zu handhaben ist, unnötige, zeitaufwendige Vorarbeiten vermeidet, zur Demonstration im Unterricht/in der Vorlesung dient, flexibel auf Fragestellung im laufenden Unterricht/in der Vorlesung angewendet werden kann und weite Bereiche des Unterrichts abdeckt.

Natürlich konnte ein so umfangreiches Projekt nicht allein von der Autorengruppe ohne die Hilfe vieler Kollegen und Institutionen bewältigt werden. Dank gesagt sei an dieser Stelle ausdrücklich den Autoren zu speziellen Themen gesagt: Herrn StD Dr. Gerhard Bitsch, Tübingen für die Überlassung seiner Worksheets zum Thema *Stochastik*, Herrn StD Christoph Fisches, Schriesheim für die Erstellung eines Worksheets zum Thema *Folgen*, den Studenten des Studiengangs Sensorsystemtechnik Volker Ceh, Matthias Hainz, Armin

Jerger, Carsten Klewitz, Matthias Kienzler, Julian Neubig und Ivica Zelic für die Erstellung von Worksheets im Rahmen u.a. von LARS-Projekten. In finanzieller und organisatorischer Hinsicht war die wohlwollende Hilfe des Ministeriums für Kultus, Jugend und Sport Baden-Württemberg, Herrn StD Walter Kinkelin, und der Studienkommission für Hochschuldidaktik an Fachhochschulen in Baden-Württemberg, Herrn Rektor Prof. Fischer, Fachhochschule Karlsruhe, von großer Bedeutung. Herrn TOL Klaus Bartholomae danken wir für die Erstellung des modernen Logos der Maple-Worksheets sowie Herrn Prof. Dieter Koller, Staatl.Seminar Karlsruhe für seine Unterstützung.

Unser Dank gilt auch dem Springer-Verlag für die angenehme und kooperative Zusammenarbeit, speziell Herrn Feith, der sehr auf unsere speziellen Wünsche und Vorstellungen eingegangen ist.

Karlsruhe, im Juli 1999

Prof. Dr. T. Westermann
Fachhochschule Karlsruhe

RSD W. Buhmann
Oberschulamt Karlsruhe

Inhaltsverzeichnis

1. Einführung 1
1.1 Systemvoraussetzungen 2
1.2 Installationshinweise 2
1.3 Allgemeine Hinweise zu den Worksheets 3
1.4 Hinweise zu den Html-Dateien 4

2. Elementare Funktionen/Funktionenklassen 5
2.1 Schaubilder von Funktionen 5
Schaubild einer ganz-rationalen Funktion[1] .... CD
Schaubild einer gebrochen-rationalen Funktion 5
Schaubild einer trigonometrischen Funktion .... CD
Schaubild einer Exponentialfunktion .... CD
2.2 Darstellung trigonometrischer Funktionen am Einheitskreis 7
Sinusfunktion und Zeigerdiagramm .... CD
Kosinusfunktion und Zeigerdiagramm .... CD
Tangensfunktion und Zeigerdiagramm 7
Kotangensfunktion und Zeigerdiagramm .... CD
2.3 Darstellung von Funktionen mit Parametern 8
Die allgemeine Sinusfunktion a sin(bx + c) + d 8
Die allgemeine Exponentialfunktion $\exp(-a\,(x - x_0)^2)$ 8

3. Gleichungen 9
3.1 Darstellung von Funktionsgleichungen der Form $\mathrm{f}(x) = \mathrm{g}(x)$ 9
Polynomgleichung 9
Betragsgleichung .... CD
Exponentialgleichung .... CD
Wurzelgleichung .... CD
Nullstellenprobleme .... CD

4. Vektoren / Ebenen / Geraden 10
4.1 Graphische Darstellung von Vektoren und der Vektorrechnung 10
Die Prozeduren arrow2d und arrow3d .... CD
Darstellung von Vektoren im $\mathbb{R}^2$ und $\mathbb{R}^3$ 10
Darstellung zweier Vektoren im $\mathbb{R}^2$ *und* $\mathbb{R}^3$ .... CD

---

[1] Dieses Verzeichnis gibt auch den Inhalt der CD wieder. Themen, die aus Platzgründen nur auf der CD zu finden sind, sind kursiv gesetzt.

Darstellung der Addition von Vektoren ... 11
Darstellung der Subtraktion von Vektoren ... 11
Darstellung der Projektion eines Vektors b in Richtung a. 12
Darstellung des Vektorproduktes (Kreuzproduktes) ... 12
4.2 Graphische Darstellung von Geraden und Ebenen im Raum .. 13
Die Prozeduren arrow2d und arrow3d ... CD
Geraden im $\mathbb{R}^2$ und $\mathbb{R}^3$ ... 14
Ebenen im $\mathbb{R}^3$ ... 15

5. Analytische Geometrie ... 17
5.1 Punkte, Geraden und Ebenen ... 17
Ortsvektor ... CD
Schwerpunkt eines Dreiecks ... CD
Seitenmittenviereck ... CD
Gegenseitige Lage zweier Geraden ... 17
Gegenseitige Lage von Gerade und Ebene ... 18
Gegenseitige Lage zweier Ebenen ... 18
5.2 Kugeln und Ebenen I ... 19
Tangentialebene in einem gegebenen Kugelpunkt ... CD
Schnitt zweier Kugeln ... 19
5.3 Kugeln und Ebenen II ... 20
Tangentialebene parallel zu einer gegebenen Ebene ... 20
Tangentialebene durch eine gegebene Gerade ... 21
5.4 Kugeln und Geraden ... 22
Schnittpunkte einer Geraden mit einer Kugel ... 22
Berührkreis und Tangentialkegel ... 23
5.5 Kegelschnitte ... 24
Räumliche Darstellung eines Kegelschnitts ... 24
Brennpunkteigenschaft einer Parabel / Ellipse ... CD
Visualisierung der Brennpunktseigenschaft ... 25
Visualisierung der Gärtnerkonstruktion ... CD
Visualisierung der Leitgeraden bei der Parabel ... 25
Visualisierung der Tangenteneigenschaft bei der Ellipse .. 26
5.6 Mehrstufige Prozesse ... 27
Iterierung eines Markovprozesses ... 27
Stabiler Zustand des Systems ... CD
Graphische Darstellung des Markovprozesses ... 28

6. Lineare Algebra ... 29
6.1 Darstellung linearer Abbildungen im $\mathbb{R}^2$ ... 29
Demonstration mit vorgegebener Matrix ... 29
Parallelstreckung ... CD
Zentrische Streckung ... CD
Euler-Affinität ... CD
Scherung ... CD

Scherstreckung ... CD
Abbildung ohne Eigenwerte ... CD

7. Komplexe Zahlen ... 31
7.1 Graphische Darstellung komplexer Zahlen ... 31
Darstellung einer Zahl in der komplexen Zahlenebene ... 31
Darstellung der komplex konjugierten Zahl ... CD
Addition zweier komplexer Zahlen ... 32
Subtraktion zweier komplexer Zahlen ... 32
Multiplikation zweier komplexer Zahlen ... CD
Division zweier komplexer Zahlen ... CD
Die n-te Potenz einer komplexen Zahl ... CD
Die n-ten Wurzeln einer komplexen Zahl ... 33

8. Differential- und Integralrechnung ... 34
8.1 Folgen ... 34
Schneeflockenkurve ... 34
Folgen in Maple V ... CD
Graphische Darstellungen und Wertetabellen ... 35
Systembefehl rsolve ... CD
Grenzwert einer Folge ... 36
Konvergenz ... CD
Fibonacci-Folge ... CD
8.2 Graphisches Differenzieren ... 37
Sekanten ... CD
Tangenten ... CD
Graphisches Differenzieren ... 37
8.3 Graphischer Ansatz zur Bestimmung einer Fläche ... 38
8.4 Rechnerischer Ansatz zur Bestimmung einer Fläche ... 40
8.5 Bestimmung der Fläche des krummlinigen Trapezes ... 41
8.6 Visualisierung des Grenzübergangs durch eine Animation ... 45
8.7 Kurvendiskussion ... 45
Muster-Kurvendiskussion ... 46
Definitionslücken ... CD
Ableitungen ... CD
Nullstellen, Horizontalstellen, Extremstellen ... CD
Wendepunkte ... CD
Tangente und Normale in einem Kurvenpunkt ... CD
Wertetabelle ... CD
Näherungslösung einer Gleichung (Newton) ... CD
Schaubild ... CD
Polstellen ... CD
Asymptoten ... CD
8.8 Fundamentalsatz der Differential- und Integralrechnung ... 49
Visualisierung des Fundamentalsatzes ... 49

8.9 Darstellung der Konvergenz der Taylorreihe ... 50
Animation zur Taylorschen Reihe ... 50
8.10 Rotationskörper ... 51
Graphische Darstellung eines Drehkörpers um die x-Achse 51
Graphische Darstellung eines Drehkörpers um die y-Achse CD

9. Iterationsverfahren ... 53
9.1 Einschließungsverfahren ... 53
Graphische Darstellung des Bisektionsverfahrens ... 53
Graphische Darstellung des Pegasusverfahrens ... 54
9.2 Iterationsverfahren ... 55
Graphische Darstellung des Newtonverfahrens ... 55
Graphische Darstellung der regula falsi ... 56
9.3 Iterationsverfahren — Von Newton zu Feigenbaum ... 57
Newtonverfahren ... CD
Graphische Darstellung des Newtonverfahrens ... CD
Allgemeines Iterationsverfahren ... CD
Graphische Darstellung des allgemeinen Verfahrens ... 57
Langzeitverhalten und Zeitreihe ... CD
Feigenbaumdiagramm ... 57

10. Funktionen mit mehreren Variablen ... 59
10.1 Differentialrechnung für Funktionen von mehreren Variablen . 59
Graphische Darstellung von Funktionen mit zwei Variablen 59
Partielle Ableitungen einer Funktion mit zwei Variablen .. 60
Graphische Darstellung der Tangentialebene ... 60
Gradient ... 61
10.2 Darstellung der Konvergenz zweidimensionaler Taylorreihen .. 61
Animation zur Taylorschen Reihe ... 61
10.3 Ausgleichsrechnung ... 62
Berechnung der Regressionsgeraden ... 62
Bestimmung des Ausgleichspolynoms ... 63
Interpolationspolynom ... 64

11. Vektoranalysis ... 65
11.1 Gradient ... 65
Begriffserläuterung und Berechnung des Gradienten ... CD
Darstellung einer Funktion mit zwei Variablen ... CD
Gradient einer Funktion von zwei Variablen ... 65
Gradient einer Funktion von drei Variablen ... 66
Beispiele aus der Physik ... CD
11.2 Divergenz ... 67
Begriffserläuterung und Berechnung der Divergenz ... CD
Allgemeine Rechenvorschrift für die Divergenz ... 67
Beispiele aus der Physik ... CD

11.3 Rotation ... 69
Begriffserläuterung und Berechnung der Rotation ... CD
Allgemeine Rechenvorschrift für die Rotation ... 69
Darstellung der Rotation einer Funktion mit zwei Variablen 69
Hagen-Poiseuillesches Gesetz ... CD

12. Wachstums- und Zerfallsprozesse ... 71
12.1 Simulation dynamischer Systeme ... 71
Lineares Wachstum ... 72
Exponentielles (natürliches) Wachstum ... CD
Exponentiell beschränktes Wachstum ... CD
Logistisches Wachstum ... 73
Bedeutung des Zeitintervalls ... CD
Bedeutung des Wachstumsfaktors ... CD

13. Differentialgleichungen ... 74
13.1 Numerische Integrationsverfahren ... 74
Euler-Verfahren ... 74
Modifiziertes Euler-Verfahren ... CD
Verfahren von Heun ... CD
Runge-Kutta-Verfahren 4. Ordnung ... CD
Vergleich der vier Verfahren ... 75
Grenzen numerischer Verfahren ... 76
13.2 Richtungsfeld einer Differentialgleichung ... 77
Lösung bei verschiedenen Anfangsbedingungen ... 77
Richtungsfelder ... 78
Richtungsfeld mit Lösungskurven ... 79

14. Stochastik ... 80
14.1 Funktionen zur Stochastik ... 80
Berechnen und Erzeugen von B(n,p) ... 80
Summenverteilung ... 80
Histogramme ... 81
Umkehrung der Summenverteilung ... CD
Werte aus einem Intervall ... CD
Testen von Hypothesen ... CD
Erwartungswert, Varianz und Standardabweichung ... CD

Literaturverzeichnis ... 83

Sachverzeichnis ... 85

1. Einführung

Mit dieser CD-ROM hat das Autorenteam ein Medium schaffen wollen, das sich vor allem an Lehrer und Dozenten wendet, die ein flexibles Mittel suchen, mathematische Begriffe und ihre Zusammenhänge „sichtbar“ zu machen – ein Mittel, das dabei die spezifischen Möglichkeiten, die ein Computer bietet, wie z.B. Animationen oder drehbare Schrägbilddarstellungen besonders nutzt.

Die Beispiele auf dieser CD sind daher so aufgebaut, daß jeder Lehrende sie während seiner Vorbereitung und im Unterricht nutzen kann, ohne auf dem Gebiet der Computeralgebrasysteme ein Experte sein zu müssen. Die Worksheets geben dabei nicht unbedingt einen geschlossenen Unterrichtsgang wieder, sondern stellen Erweiterungen desselben dar, die modular eingebaut werden können. Da als Zielgruppe Lehrer und Dozenten angesehen werden, die mathematischen Inhalte somit als bekannt vorausgesetzt werden können, wurde auf eine mathematisch-didaktische Einführung in die jeweilige Thematik weitgehend verzichtet.

Wer die vorliegende CD nutzt, darf also einen reibungslosen Einstieg in Maple, sofort einsetzbare Beispiele und eine schrittweise Erweiterung seiner eigenen Kenntnisse erwarten. Die Autoren wollen dabei helfen, ohne allerdings auch nur den Anschein erwecken zu wollen, daß man eine vollständige Übersicht über Maple auf diesem Wege bieten kann.Auf eine ausführliche Beschreibung von Dateifunktionen (Neu, Öffnen, Speichern usw.) wird verzichtet, weil wir einen geübten Windows-Anwender voraussetzen.

Inhalte der Einführung auf der CD

Die Einführung auf der CD gliedert sich in mehrere Abschnitte, mit denen auch Funktionen von Maple hinsichtlich des Gebrauchs als Textwerkzeug dokumentiert werden können.

Kapitel 1 – Die Oberfläche von Maple V: In diesem Abschnitt werden die Benutzeroberfläche sowie die elementaren Bedienungs- und Formatierungsmöglichkeiten von Maple erklärt. Da Maple sehr viele Optionen moderner Textverarbeitungsprogramme besitzt, werden diese besonders erläutert. Symbolleisten, Kontextmenüs, Hyperlinks und der Formelsatz sind weitere Themen.

Kapitel 2 – Rechnen mit Maple V: Dieser Abschnitt ist vor allem für Maple-Anfänger gedacht, denn hier werden die grundlegenden Befehle sowie die Ein- und Ausgabekonventionen aufgezeigt. Wer möchte kann diesen Abschnitt auf der CD auch interaktiv benutzen.

Kapitel 3 – Tabellen in Maple V: Mit dem Release 5 ist es nun in Maple möglich Tabellen einzufügen und zu bearbeiten. Die Bedienung orientiert sich bis auf ein paar Ausnahmen an der bekannter Tabellenkalkulationsprogramme. Auch dieses Kapitel weist eine interaktive Variante auf.[1]

Kapitel 4 – Hinweise zur Bedienung der CD: Während sich die ersten drei Abschnitte der Einführung mit der Bedienung von Maple beschäftigen, geht es im vierten um Besonderheiten der CD *Mathematische Begriffe visualisiert mit Maple.*

1.1 Systemvoraussetzungen

Für das Programm Maple werden vom Hersteller folgende Mindestvoraussetzungen angegeben:

- Intel 486 DX oder Pentium
- 32 MB Festplattenplatz
- **mind.** 8 MB RAM (Arbeitsspeicher)[2]
- Windows NT 4.0, Windows 9x, Linux oder Mac System 7.5+
- Tabellen werden in der Linuxversion erst ab Release 5.1 unterstützt.

Folgende Einschränkungen gelten für die vorliegende CD-ROM:

- Die Worksheets sind nur unter **Release 5.0** und **Release 5.1** lauffähig!
- Die Worksheets wurden im Mac System nicht getestet. Die Autoren können daher keine Garantie geben, dass die CD auf dem Macintosh nutzbar ist.

1.2 Installationshinweise

Variante A (Installation auf der lokalen Festplatte):

1. Legen Sie die CD ein. Starten Sie bitte das Setup-Programm über:
   START → AUSFÜHREN: → „D:\SETUP“
   (falls D: der Laufwerksbuchstabe Ihres CD-ROM-Laufwerks ist)
2. Befolgen Sie die Anweisungen des Setup-Programms. Sie haben die Wahl zwischen einer Installation mit Quelltexten und einer ohne.
3. Nach erfolgreicher Installation können Sie die Arbeitsblätter über den entsprechenden Eintrag in Ihrem Startmenü öffnen.

---

[1] Achtung: Tabellen werden erst von Release 5.1 an auf allen Plattformen unterstützt.

[2] Ein höherer Wert wird dringend empfohlen, da Maple sonst zu Abstürzen neigt!

Variante B (Start über den Explorer direkt von CD)

1. Legen Sie die CD ein.
2. Starten Sie den Explorer (Dateimanager). Wählen Sie Ihr CD-ROM-Verzeichnis aus.
3. Öffnen Sie das Worksheet „INDEX.MWS" durch Doppelklick in Ihrem Explorerfenster. (Achtung: Öffnen Sie bitte „INDEX.MWS" nicht aus einer laufenden Maple-Sitzung heraus, da dann die Pfade nicht korrekt gesetzt werden.)

Hinweis: Die CD muss während der gesamten Benutzung eingelegt sein.

1.3 Allgemeine Hinweise zu den Worksheets

- Jedes Worksheet beginnt mit einem Abschnitt *Initialisierung*. Die Befehle dieses Abschnitt **müssen ausgelöst werden**, bevor mit dem Worksheet gearbeitet werden kann!
- Alle Worksheets sollten über das Inhaltsverzeichnis geöffnet werden. Nur so ist gewährleistet, dass alle Pfade stimmen.
- Die Berechnungen auf einem Arbeitsblatt können unter MapleV durch Drücken der Enter-Taste zeilenweise oder aber komplett über den Menüpunkt EDIT - EXECUTE - WORKSHEET ausgelöst werden.
- Über die Bildlaufleisten kann ein beliebiger Ausschnitt ausgewählt werden.

Hinweise zu Schaubildern und Animationen: Einige, entsprechend markierte Plots sind als *Animationen*, andere als *3D-Darstellungen (Schrägbilddarstellungen)* vorbereitet.

Eine *Animation* ist eine gespeicherte Folge von Einzelbildern. Diese können fortlaufend wie ein „Film" oder einzeln betrachtet werden. Sie erkennen eine Animation daran, dass nach Klick auf das Bild eine neue Symbolleiste sichtbar wird . Die Symbole der Leiste werden nachfolgend erklärt.

Zusätzlich lassen Plots, die als *Schrägbilddarstellungen* auftreten, eine Veränderung des Blickwinkels zu. Klicken Sie dazu ebenfalls auf das Bild und halten Sie die linke Maustaste gedrückt. Wenn Sie dann die Maus bewegen, dreht sich das Koordinatenkreuz.

Bei den Animationen kann man auch auf ein *Kontextmenü* durch Klick mit der rechten Maustaste auf das Bild bzw. die Animation zugreifen. Das sich öffnende Menü bietet Möglichkeiten zur Änderung bzw. Anpassung der Animation. Dort, wo ein kleiner schwarzer Pfeil nach rechts weist, sind weitere Optionen verborgen. Man fährt mit der Maus auf einen Menüpunkt, ggf. öffnet sich ein Untermenü, in dem man dann durch Klick mit der linken Maustaste eine Option auswählt.

1.4 Hinweise zu den Html-Dateien

Im Unterverzeichnis HTML auf der CD finden sich in Hypertext konvertierte Worksheets, so dass auch diejenigen, die Maple nicht zur Verfügung haben, die Worksheets einsetzen können, zumindest wenn Sie einen Internetbrowser ihr eigen nennen. Natuerlich ist hier keine interaktive Veränderung der Seiten möglich. Zum Starten der Html-Dateien öffnen Sie bitte aus dem Explorer heraus die Datei HTML/INDEX.HTML durch Doppelklick.

2. Elementare Funktionen/Funktionenklassen

2.1 Schaubilder von Funktionen

Autor: Eberhard Endres

Für die vier Funktionsklassen *ganzrationale Funktion, gebrochen-rationale Funktion, trigonometrische Funktion* und *Exponentialfunktion* finden Sie auf diesem Worksheet einen Abschnitt, mit dem die charakteristische Gestalt der Schaubilder der entsprechenden Funktionen visualisiert werden kann. Sie finden dort jeweils:

- ein Schaubild eines Vertreters dieser Funktionsklasse
- eine Kurvenschar aus dieser Funktionsklasse
- eine Animation,die die Veränderung des Schaubilds bei Variation des Parameters zeigt
- eine 3D-Darstellung einer Funktionenschar.

In diesem Buch wird exemplarisch nur die *gebrochen-rationale* Funktionsklasse wiedergegeben (und außerdem auf das Animations-Bild verzichtet).

Schaubild einer gebrochen-rationalen Funktion: Beachten Sie, dass Maple standardmäßig Polstellen als senkrechte Geraden mit einzeichnet![1]

```
> f := x -> x+5/(x+1);      # Funktionsdefinition
  x1 := -10: x2:=10:        # Zeichenbereich x1..x2
  y1 := -20: y2:=20:        # y-Zeichenbereich y1..y2
> plot(f(x),x=x1..x2,y=y1..y2,thickness=2,discont=false);
```

$$f := (x) \to x + \frac{5}{x+1}$$

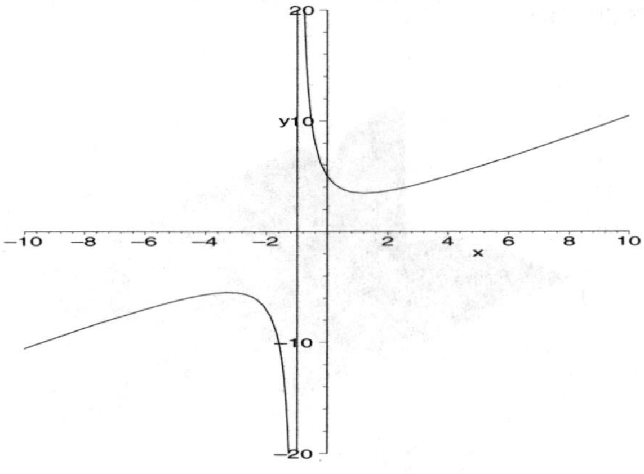

[1] Wenn dies nicht erwünscht ist, setze man die Option „discont=true“.

Darstellung einer Kurvenschar: Mit Hilfe des Sequenzoperators $ kann man Bilderfolgen erzeugen und diese dann in einem Schaubild darstellen.

```
> g:=  (k,x) -> x+k/(x+1);# Funktion g mit Parameter k
  k1 := -3: k2:=6: dk:=1: # von k1..k2 mit Schrittweite dk
  x1 := -4: x2:=4:        # Zeichenbereich x1..x2
  y1 := -8: y2:=10:       # y-Zeichenbereich y1..y2
> plot([g(k*dk,x)$k=k1/dk..k2/dk],x=x1..x2,y=y1..y2);
```

$$g := (k, x) \to x + \frac{k}{x+1}$$

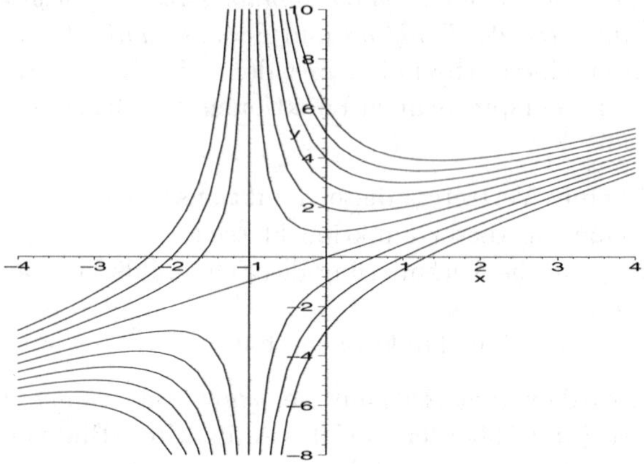

Dreidimensionale Darstellung einer Kurvenschar: Das folgende Bild zeigt – hintereinander aufgereiht – die Kurvenschar der obigen Funktion g in einem 3D-Plot. Jede Kurve wird in einer anderen Farbe dargestellt.

```
> k1 := -50: k2:=50:           # Parametervaration von k1..k2
  x1 := -5: x2:=5:             # Zeichenbereich x1..x2
  y1 := -200: y2:=200:         # y-Zeichenbereich y1..y2
> plot3d(g(k,x),x=x1..x2,k=k1..k2,axes=BOXED,color=COLOR(RGB,
  4*k,-4*k,0),view=y1..y2,grid=[40,10],contours=1,
  style=PATCHNOGRID);
```

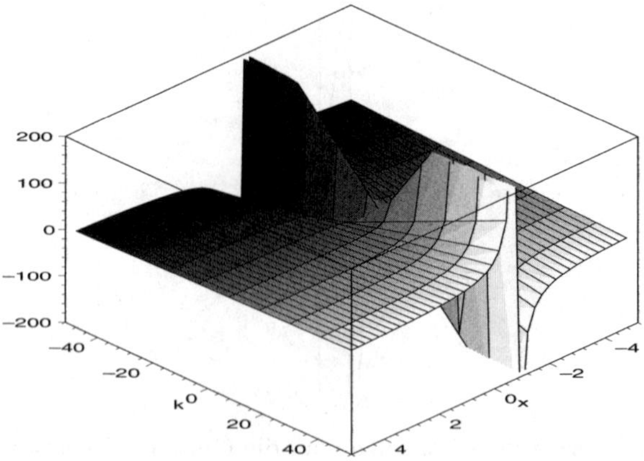

Weitere Themen auf der CD: Entsprechende Darstellungen für die Funktionsklassen: ganzrationale Funktion, trigonometrische Funktion und Exponentialfunktion.

2.2 Darstellung trigonometrischer Funktionen am Einheitskreis

Autor: Michael Laule

In diesem Worksheet wird der Zusammenhang zwischen den trigonometrischen Funktionen und ihrer Darstellung am Einheitskreis bzw. im Zeigerdiagramm durch entsprechende Animationen visualisiert. Es wird dabei jeweils das Schaubild der betreffenden Funktion im Bereich von 0 bis 2π - sofern definiert - punktweise gezeichnet.

Tangensfunktion und Zeigerdiagramm: Am Einheitskreis rotiert ein Zeiger gleichförmig. Dabei wird der Bogenlänge x am Kreis – gemessen vom Punkt $(1|\,0)$ gegen den Uhrzeigersinn bis zur Zeigerspitze – das Verhältnis aus zweiter und erster Koordinate des Zeigers zugeordnet. Die entsprechenden Wertepaare werden in einer Animation den zugehörigen Zeigerständen zugeordnet und in ein Achsenkreuz eingezeichnet.

```
> Tangenskurve();
```

Animation !

Einheitskreis und Tangensfunktion

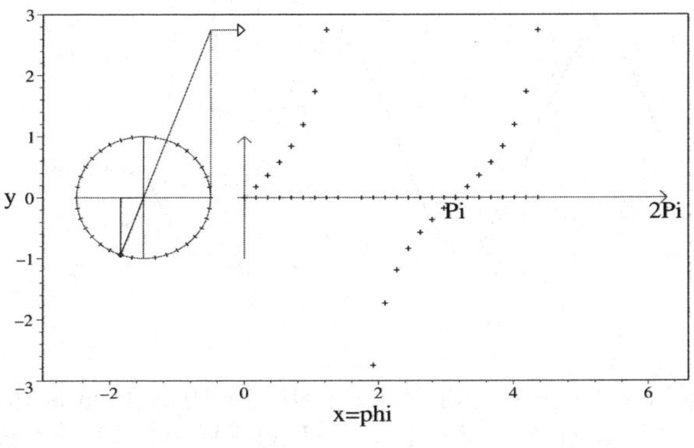

Weitere Themen auf der CD: Darstellung der Sinus-, Kosinus- und Kotangensfunktion am Einheitskreis.

2.3 Darstellung von Funktionen mit Parametern

Autor: Matthias Hainz

Die Prozedur ***ParameterPlot*** dient zur Darstellung von Funktionen mit einer Variablen und mehreren Parametern, wenn die Parameterbereiche *par.i=von..bis* angegeben sind. In einer Animation wird – ausgehend von einer Referenzfunktion – zu den Parameteranfangswerten jeweils ein Parameter nach dem anderen variiert bis am Ende der Animation die Parameterendwerte erreicht sind. Die Referenzfunktion wird permanent gezeichnet.

Die allgemeine Sinusfunktion a sin(bx + c) + d: Das folgende Beispiel demonstriert den Aufruf der Prozedur im Falle der allgemeinen Sinusfunktion $y = a\sin(b\,t + c) + d$, wenn die Parameter a von 1 bis -2, b von 1 bis π, c und d von 0 bis 1 variieren sollen:

```
> with(paraplot):
> ParameterPlot(a*sin(b*t+c)+d, t=0..4*Pi, [a=1..-2, b=1..Pi,
  c=0..1, d=0..1], axes=framed, thickness=3);
```

Animation !

$$(a,\, b,\, c,\, d) \to a\sin(b\,t + c) + d$$

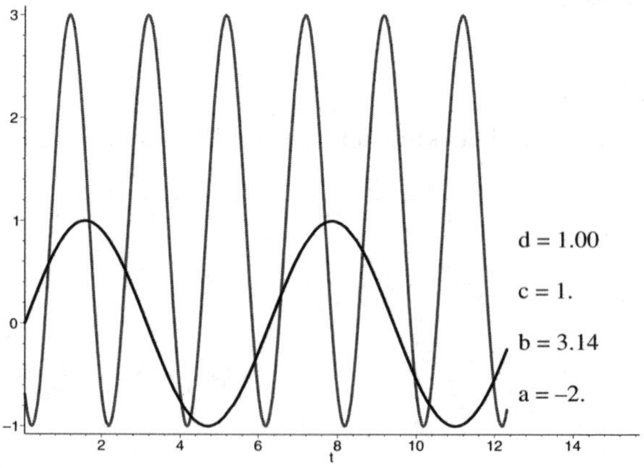

Info: Diese Arbeit wurde gefördert durch ein Projekt aus dem Förderprogramm „Leistungsanreize in der Lehre (LARS)“ des Ministeriums für Wissenschaft und Forschung, Baden-Württemberg, 1998/99.

Weitere Themen auf der CD: Die allgemeine Funktion $\exp\left(-a\,(x - x_0)^2\right)$

3. Gleichungen

3.1 Darstellung von Funktionsgleichungen der Form f(x) = g(x)

Autor: Matthias Hainz

Dieser Abschnitt beschreibt die Prozedur ***visual_solve***, die Funktionsgleichungen der Form f(x) = g(x) in einem vorgegebenen Bereich löst. Es wird aber nicht nur die Lösungsmenge berechnet, sondern die Funktionen auch graphisch dargestellt. Die Prozedur sucht nach Schnittpunkten in dem angegebenen Bereich und erzeugt ein Schaubild mit den beiden Funktionen. Wird kein Bereich spezifiziert, dann erfolgt die Skalierung so, dass die gefundenen Schnittpunkte ebenfalls dargestellt werden. Die gefundenen reellen bzw. die komplexen Lösungen werden in Mengenklammer angegeben. Wird kein Bereich spezifiziert, dann erfolgt die Skalierung so, dass die gefundenen Schnittpunkte ebenfalls dargestellt werden.

Polynomgleichung: Der Beispielaufruf erfolgt im Falle einer Gleichung, bei der die Bereichsgrenzen angegeben sind, durch:

```
>  with(vis_solv):
>  visual_solve(x^2+6*x=3*x, x=-4..2, color=[blue,orange]);
```

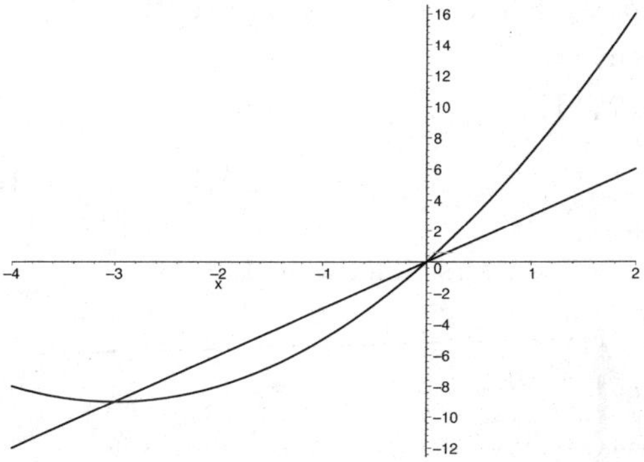

$$x^2 + 6\,x = 3\,x$$

Im angegebenen Bereich wurde folgende Lösung gefunden : $\{0,\ -3.\}$

Info: Diese Arbeit wurde gefördert durch ein Projekt aus dem Förderprogramm „Leistungsanreize in der Lehre (LARS)“ des Ministeriums für Wissenschaft und Forschung, Baden-Württemberg, 1998/99.

Weitere Themen auf der CD: Betragsgleichungen; Exponentialgleichungen; Wurzelgleichungen; Nullstellenprobleme.

4. Vektoren / Ebenen / Geraden

4.1 Graphische Darstellung von Vektoren und der Vektorrechnung

Autor: Thomas Westermann

In diesem Abschnitt werden Vektoren im $\mathbb{R}^2$ und $\mathbb{R}^3$ graphisch dargestellt und die elementaren Rechenoperationen (Addition, Subtraktion, Projektion eines Vektors $\vec{b}$ in Richtung $\vec{a}$, Vektorprodukt im $\mathbb{R}^3$) mit Vektoren visualisiert. Bis auf den Fall des Vektorproduktes, das ja nur für den $\mathbb{R}^3$ definiert ist, stehen immer eine zweidimensionale und eine dreidimensionale Version der entsprechenden Prozedur zur Verfügung, die sich in der Endung durch ***2d*** oder ***3d*** unterscheiden. Grundlegend für alle Darstellungen sind die Prozeduren ***arrow2d*** und ***arrow3d***, die skalierbare Vektorpfeile zwischen zwei Punkten zeichnen.

Darstellung von Vektoren im $\mathbb{R}^2$ und $\mathbb{R}^3$: Unter Vektoren versteht man Größen, die durch Angabe von Maßzahl und Richtung vollständig beschrieben sind. Ein 2- oder 3-dimensionaler Vektor ist durch einen Pfeil graphisch in einem Koordinatensystem darstellbar. Der dreidimensionale Vektor wird mit Hilfe der Prozedur ***Linkom3d*** durch die Linearkombination der drei Einheitsvektoren $a_x\,\vec{e_x} + a_y\,\vec{e_y} + a_z\,\vec{e_z}$ dargestellt.

```
> with(vektoren):
> Linkom3d([1,2,1]);
```

3D-Darstellung !

Darstellung von [1, 2, 1]

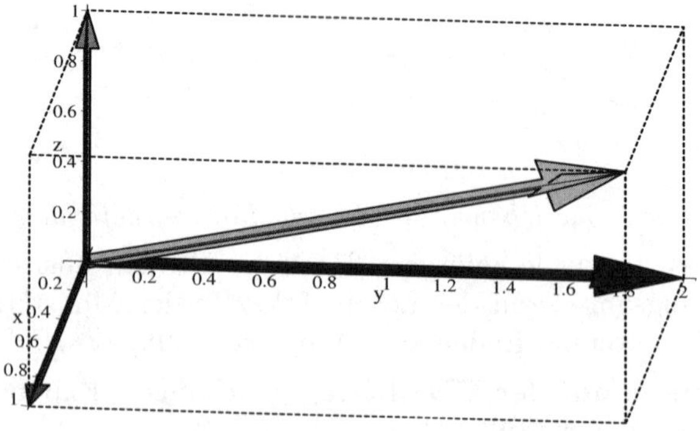

Darstellung der Addition von Vektoren: Zwei Vektoren $\vec{a}$ und $\vec{b}$ werden geometrisch addiert, indem der Vektor $\vec{b}$ parallel zu sich selbst verschoben wird, bis sein Anfangspunkt in den Endpunkt des Vektors $\vec{a}$ fällt. Der vom Anfangspunkt des Vektors $\vec{a}$ zum Endpunkt des verschobenen Vektors $\vec{b}$ gerichtete Vektor ist der Summenvektor. Die Prozedur ***Add3d*** addiert zwei dreidimensionale Vektoren geometrisch im $\mathbb{R}^3$.

```
> Add3d([2,1,3],[3,5,3]);
```

3D-Darstellung !

Addition von [2, 1, 3] und [3, 5, 3]

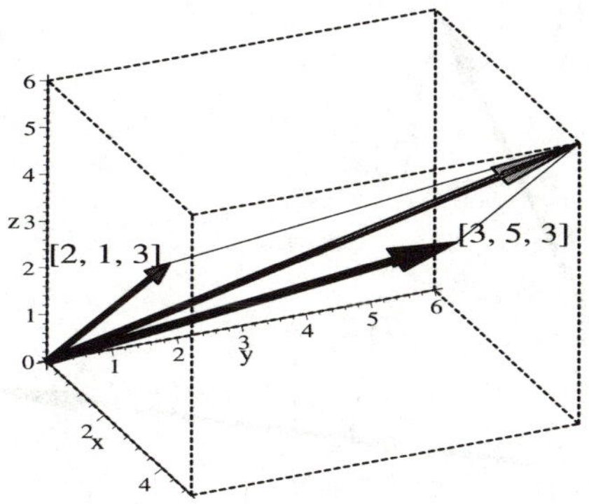

Darstellung der Subtraktion von Vektoren: Unter dem Differenzvektor $\vec{d} = \vec{a} - \vec{b}$ zweier Vektoren $\vec{a}$ und $\vec{b}$ versteht man den Summenvektor aus $\vec{a}$ und $-\vec{b}$, wobei $-\vec{b}$ der zu $\vec{b}$ inverse Vektor ist, d.h. der Vektor $\vec{b}$ wird zunächst in seiner Richtung umgekehrt. Die Darstellung der Subtraktion zweier zweidimensionaler Vektoren erfolgt durch die Prozedur ***Sub2d***.

```
> Sub2d([4,4],[-5,5]);
```

Subtraktion von [4, 4] und [–5, 5]

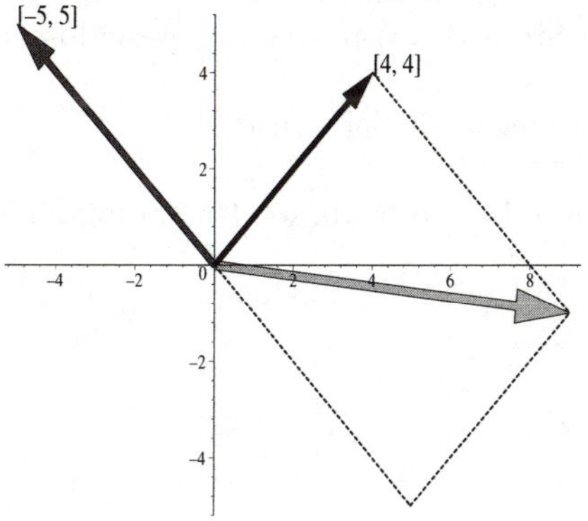

Darstellung der Projektion eines Vektors $\vec{b}$ in Richtung $\vec{a}$: Unter der Projektion des Vektors $\vec{b}$ auf den Vektor $\vec{a}$ versteht man den Vektor

$$\vec{b}_{\vec{a}} = \frac{\vec{a} \cdot \vec{b}}{|\vec{a}|^2} \cdot \vec{a}$$

wobei $\vec{b}_{\vec{a}}$ der projizierte Vektor, $\vec{a} \cdot \vec{b}$ das Skalarprodukt von Vektor $\vec{a}$ mit $\vec{b}$, $|\vec{a}|^2$ das Betragsquadrat von Vektor $\vec{a}$ ist. Die Prozedur ***Projek2d*** bildet die Projektion des Vektors $\vec{b}$ auf den Vektor $\vec{a}$ im $\mathbb{R}^2$.

```
> Projek2d([2,5],[6,1]);
```

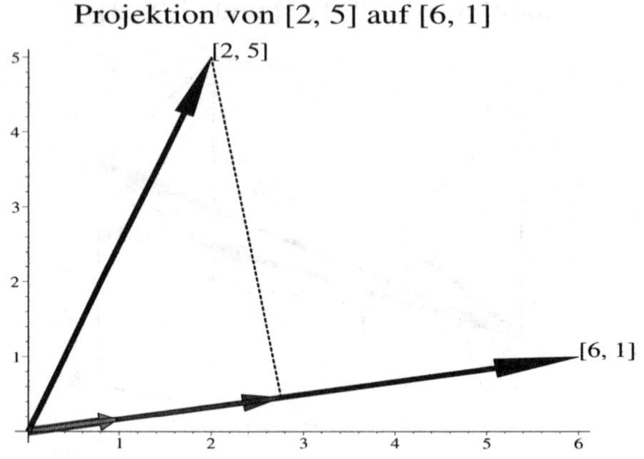

Darstellung des Vektorproduktes (Kreuzproduktes): Unter dem Vektorprodukt $\vec{c} = \vec{a} \times \vec{b}$ zweier Vektoren $\vec{a}$ und $\vec{b}$ versteht man den eindeutig bestimmten Vektor mit den folgenden Eigenschaften:

1. $\vec{c}$ ist sowohl zu $\vec{a}$ als auch zu $\vec{b}$ orthogonal, d.h. es gilt:
$$\vec{c} \cdot \vec{a} = \vec{c} \cdot \vec{b} = 0$$

2. Der Betrag von $\vec{c}$ ist gleich dem Produkt aus den Beträgen der Vektoren $\vec{a}$ und $\vec{b}$ und dem Sinus des von ihnen eingeschlossenen Winkels Φ.
Es gilt:
$$|\vec{c}| = |\vec{a}| \cdot |\vec{b}| \cdot \sin \Phi$$

3. Die Vektoren $\vec{a}$, $\vec{b}$, $\vec{c}$ bilden in dieser Reihenfolge ein rechtshändiges System.

Die Darstellung des Vektorproduktes erfolgt durch die Prozedur ***Vecprod***.

```
> Vecprod([1,-1,0],[0.5,0.5,-0.5]);
```

3D-Darstellung !

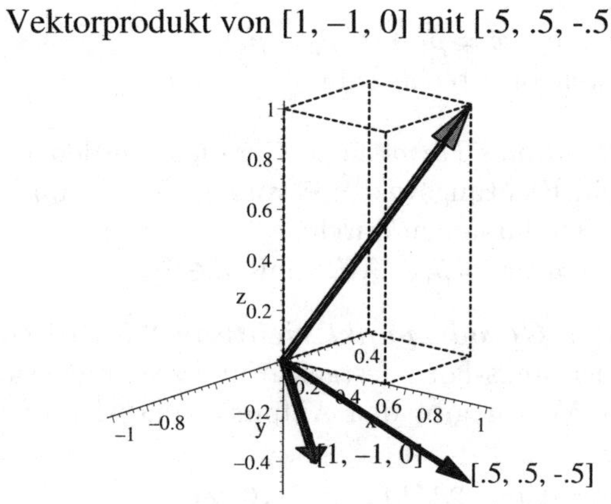

Info: Die Idee für diese Ausarbeitung entstand im Rahmen eines Projektes im Studiengang Sensorsystemtechnik an der Fachhochschule Karlsruhe im WS 1998/99. Das ursprüngliche Projekt wurde von *Carsten Klewitz* und *Matthias Kienzler* bearbeitet.

Weitere Themen auf der CD: Die Prozeduren ***arrow2d*** und ***arrow3d***; Darstellung zweier Vektoren im $\mathbb{R}^2$ und $\mathbb{R}^3$.

4.2 Graphische Darstellung von Geraden und Ebenen im Raum

Autor: Thomas Westermann

In diesem Abschnitt werden Geraden im $\mathbb{R}^2$ und $\mathbb{R}^3$ sowie Ebenen im $\mathbb{R}^3$ graphisch dargestellt. Bei den Geraden wird sowohl die 2-Punkte-Form als auch die Punkt-Richtungs-Form realisiert. Auch hier stehen immer eine zweidimensionale und eine dreidimensionale Version der entsprechenden Prozeduren zur Verfügung, die sich in der Endung durch ***2d*** oder ***3d*** unterscheiden. Im Falle der Darstellung der Ebenen wird sowohl die 3-Punkte-Form als auch die Punkt-Richtungs-Form realisiert.

Darstellung von Geraden im $\mathbb{R}^2$ und $\mathbb{R}^3$: Man unterscheidet zwei unterschiedliche Darstellungsformen von Geraden:

1. Bei der *2-Punkte-Form* einer Geraden werden zwei Punkte der Geraden spezifiziert (z.B. p_1, p_2), dann lassen sich alle Punkte der Geraden beschreiben durch:
$$g\,:\,\vec{x} = \vec{p_1} + \lambda\,(\vec{p_2} - \vec{p_1}).$$
Dabei ist λ eine beliebige reelle Zahl.

2. Bei der *Punkt-Richtungs-Form* einer Geraden werden ein Punkt (der Aufpunkt) und ein Richtungsvektor $\vec{a}$ vorgegeben. Dann lassen sich alle Punkte der Geraden darstellen durch:
$$g\,:\,\vec{x} = \vec{p_1} + \lambda\,\vec{a} \qquad \text{mit } \lambda \in \mathbb{R}.$$

Mit Hilfe der Prozedur ***Gerade_punkt_richtung_2d*** wird eine Gerade im $\mathbb{R}^2$ über die Punkt-Richtungs-Form festgelegt und zweidimensional graphisch dargestellt. Der erste Vektor gibt den Aufpunkt und der zweite den Richtungsvektor an.

```
> Gerade_punkt_richtung_2d([1,1],[1,0.2]);
```

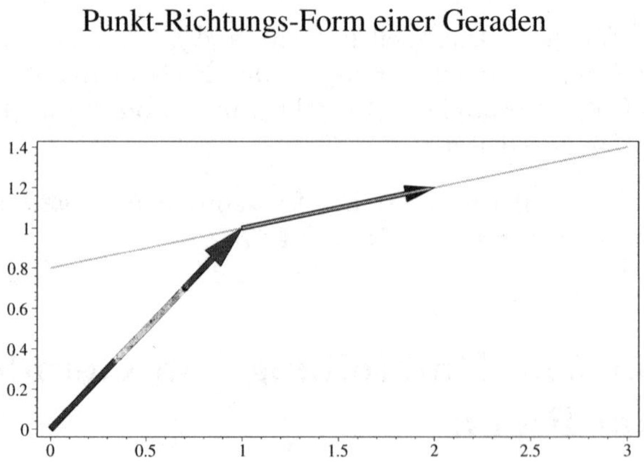

Die Prozedur ***Gerade_punkt_punkt_3d*** legt eine Gerade im $\mathbb{R}^3$ über die 2-Punkte-Form fest und stellt sie dreidimensional graphisch dar.

```
> Gerade_punkt_punkt_3d([0,2,2],[5,4,1]);
```

3D-Darstellung !

Zwei-Punkte-Form einer Geraden

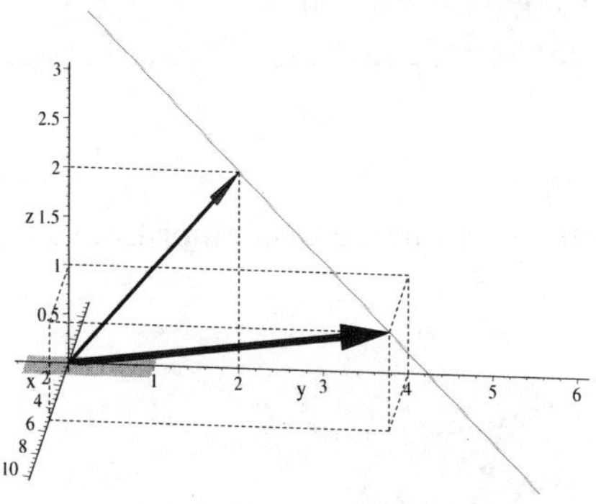

Darstellung von Ebenen im $\mathbb{R}^3$: Man unterscheidet zwei unterschiedliche Darstellungsformen von Ebenen:

1. Bei der *3-Punkte-Form* einer Ebene werden 3 Punkte dieser Ebene spezifiziert(z.B. p_1, p_2, p_3), dann lassen sich alle Punkte der Ebene beschreiben durch:
$$E\ :\ \vec{x} = \vec{p_1} + \lambda\,(\vec{p_2} - \vec{p_1}) + \tau\,(\vec{p_3} - \vec{p_1}).$$
Dabei sind λ und τ beliebige reelle Zahlen.
2. Bei der *Punkt-Richtungs-Form* einer Ebene werden ein Punkt (der Aufpunkt) und zwei Richtungsvektoren $\vec{a}$ und $\vec{b}$ vorgegeben. Dann lassen sich alle Punkte der Ebene darstellen durch:
$$E\ :\vec{x} = \vec{p_1} + \lambda\,\vec{a} + \tau\,\vec{b} \quad \text{mit } \lambda, \tau \in \mathbb{R}.$$

Die Ebene wird mit Hilfe der Prozedur ***Ebene_3punkt*** über die 3-Punkte-Form festgelegt und dreidimensional graphisch dargestellt.

```
> Ebene_3punkt([3,1,3],[3,3,1],[2,1,2]);
```

3D-Darstellung !

Drei-Punkte-Form einer Ebene

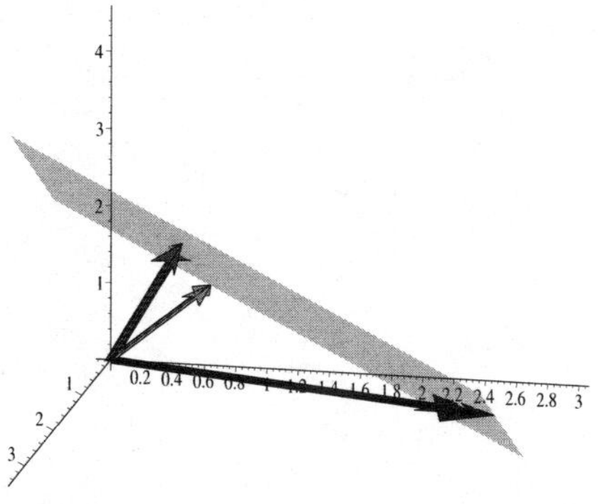

Mittels der Prozedur ***Ebene_punkt_richtung*** kann eine Ebene über die Punkt-Richtungs-Form festgelegt und dreidimensional graphisch dargestellt werden. Der erste Vektor gibt den Aufpunkt und die beiden folgenden Vektoren geben die Richtungsvektoren an.

```
> Ebene_punkt_richtung([1,0.2,1],[1,0,0],[0,1,0.2]);
```

3D-Darstellung !

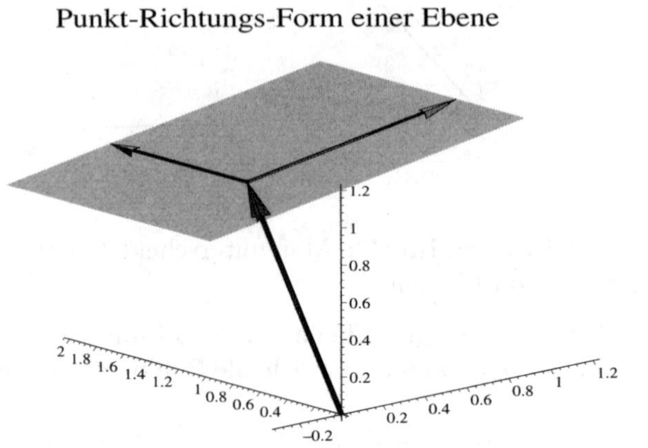

Weitere Themen auf der CD: Darstellung von Geraden im $\mathbb{R}^2$ (2-Punkte-Form) und im $\mathbb{R}^3$ (Punkt-Richtungs-Form).

5. Analytische Geometrie

5.1 Punkte, Geraden und Ebenen

Autor: Michael Laule

Diese Sammlung von Prozeduren behandelt Punkte, Geraden, Ebenen und ihre gegenseitige Lage im Raum. In jeder der Animationsgraphiken werden – im übertragenen Sinne – einzelne Bilder oder besser Folien aufeinandergelegt, um so die räumliche Anschauung der gesamten Figur schrittweise aufzubauen. In der Regel werden zuerst Punkte, dann entsprechende Stütz- und Spann- bzw. Richtungsvektoren visualisiert. Anschließend erfolgt die Darstellung von Geraden- und Ebenenausschnitten. Unterstützen lassen sich diese Visualisierungen durch das Drehen der Graphiken mittels Mauszeiger nach jeder „aufgelegten Folie“. Koordinaten-, Abstands- und Winkelberechnungen vervollständigen die Schrägbilddarstellungen. Bei manchen Plots wird aus Darstellungsgründen auf gleiche Längeneinheiten verzichtet. Das Umschalten auf diese ist bei Bedarf durch Betätigen der 1:1 - Schaltfläche in der zweiten Symbolleiste der Plots möglich. Bei den Prozeduren ***Gerade_Gerade***, ***Ebene_Gerade*** und ***Ebene_Ebene*** erlaubt der letzte Parameter z eine Einflußnahme auf die Größe der zu zeichnenden Geraden- und Ebenenausschnitte. Schreibt man z.B. als Geradengleichung $g : \vec{x} = \vec{p_1} + r\,(\vec{p_2} - \vec{p_1})$ mit $r \in \mathbb{R}$, so wird die Gerade im Bereich $-z \leq r \leq z + 1$ gezeichnet.

Gegenseitige Lage zweier Geraden Die Prozedur ***Gerade_Gerade*** erzeugt im Schrägbild je einen Ausschnitt der Geraden $g_1 = (\,P_1\,P_2)$ und $g_2 = (\,P_3\,P_4)$. Zur Visualisierung des Abstandes beider Geraden wird ein Ausschnitt der Ebene, welche g_1 enthält und parallel zu g_2 verläuft, dargestellt und das Lot von g_2 auf diese Ebene gefällt. Sofern vorhanden werden die Koordinaten des Schnittpunktes und die Größe des Schnittwinkels der Geraden ausgegeben. Ansonsten wird der Abstand beider Geraden bestimmt.

Eingabe der Geraden g_1 und g_2:

```
> P1:=[3,-1,4]: P2:=[2,1,5]: P3:=[-1,0,2]: P4:=[1,3,1]:
> Gerade_Gerade(P1,P2,P3,P4,.5);
```

$$\textit{Abstand der Geraden :}$$

$$d(g1, g2) = \frac{7}{3}\sqrt{3}$$

animierte 3D-Darstellung!

Gegenseitige Lage zweier Geraden

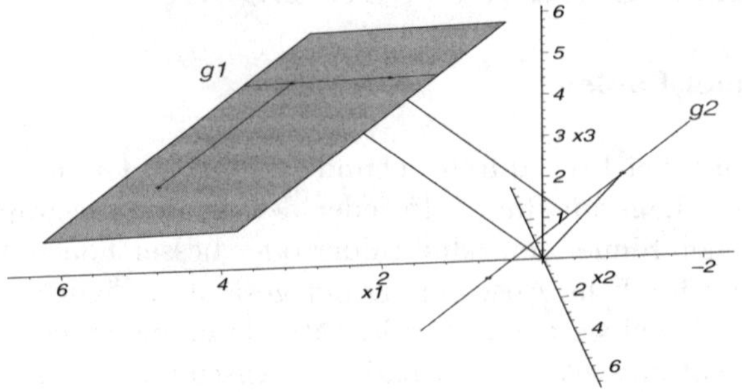

Gegenseitige Lage von Gerade und Ebene: Die Prozedur ***Ebene-_Gerade*** erzeugt im Schrägbild je einen Ausschnitt der Ebene $E = (P_1, P_2, P_3)$ und der Geraden $g = (P_4, P_5)$. Die gegenseitige Lage beider Objekte kann dadurch veranschaulicht werden.

Eingabe der Ebene E und der Geraden g:

```
> P1:=[3,3,3]:P2:=[5,3,3]:P3:=[4,-1,5]:P4:=[5,-2,2]:P5:=[5,5,8]:
> Ebene_Gerade(P1,P2,P3,P4,P5,.5);
```

animierte 3D-Darstellung!

Gerade und Ebene

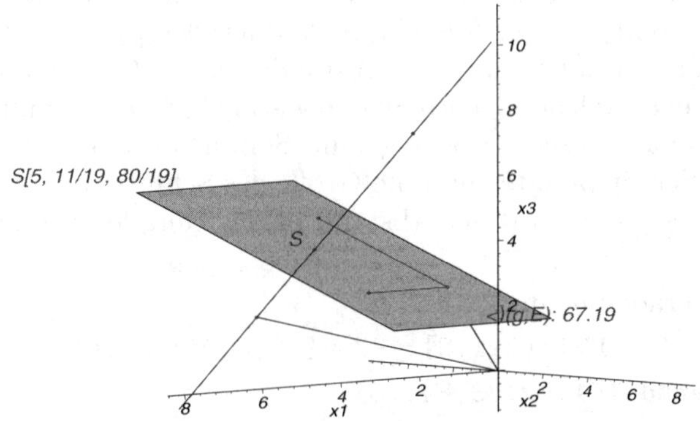

Gegenseitige Lage zweier Ebenen: Die Prozedur ***Ebene_Ebene*** erzeugt im Schrägbild je einen Ausschnitt der Ebenen $E_1 = (P_1, P_2, P_3)$ und $E_2 = (P_4, P_5, P_6)$ sowie – sofern vorhanden – einen Ausschnitt der Schnittgeraden beider Ebenen.

Eingabe der Ebenen E_1 und E_2:

```
> P1:=[0,0,0]: P2:=[0,1,0]: P3:=[0,0,1]:
  P4:=[1,1,0]: P5:=[-1,1,0]: P6:=[0,0,1]:
  Ebene_Ebene(P1,P2,P3,P4,P5,P6,.5);
```

animierte 3D-Darstellung!

Gegenseitige Lage zweier Ebenen

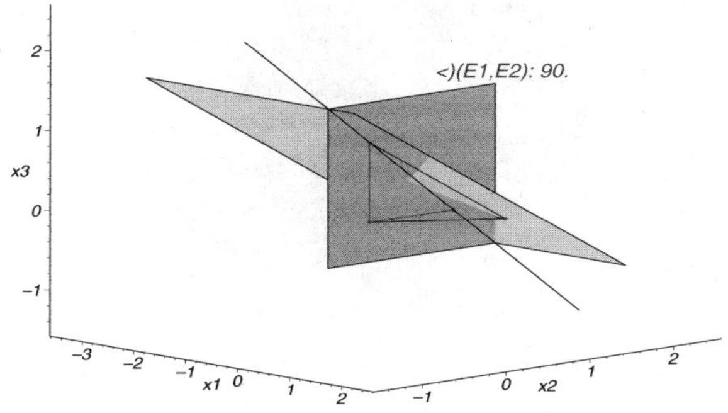

Weitere Themen auf der CD: Zu Beginn des Arbeitsblattes liefern die Prozeduren ***Ortsvektor***, ***Schwerpunkt*** (eines Dreiecks) und ***Seitenmittenviereck*** je eine Visualisierung der entsprechenden Sachverhalte.

5.2 Kugeln und Ebenen I

Autor: Michael Laule

Schnitt zweier Kugeln: Den Schnitt zweier Kugeln+ visualisiert die Prozedur ***Kugeln***, gleichzeitig liefert sie die Gleichung der Schnittkreisebene, Mittelpunktskoordinaten des Schnittkreises sowie dessen Radius.

Eingabe der Kugelmittelpunkte und der Kugelradien:

```
> M1:=[2,-2,3]: r1:=6: M2:=[1,5,4]: r2:=5:
> Kugeln(M1,r1,M2,r2);
```

$$\textit{Gleichung der Schnittkreisebene}:$$

$$-x_1 + 7\,x_2 + x_3 - 18 = 0$$

$$\textit{Mittelpunkt des Schnittkreises}:$$

$$M' \left[\frac{71}{51}, \frac{115}{51}, \frac{184}{51}\right]$$

$$\textit{Radius des Schnittkreises}:$$

$$r' = \frac{5}{51}\sqrt{1785}$$

animierte 3D-Darstellung !

Schnitt zweier Kugeln

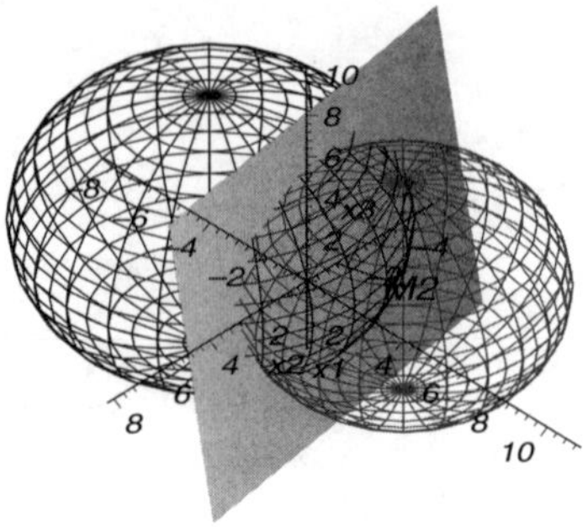

Weitere Themen auf der CD: Die Prozedur ***Kugel_Ebene1*** erzeugt eine Kugel $k(M, r)$ und einen Ausschnitt der Tangentialebene in einem Punkt B der Kugel samt Gleichung.

5.3 Kugeln und Ebenen II

Autor: Michael Laule

Die Visualisierung von Schnittkreis und Tangentialebenen sind Inhalte der nachfolgenden zwei Prozeduren. Zusätzlich werden die entsprechenden Ebenengleichungen, Koordinaten der Punkte und Radius des Schnittkreises berechnet und die Ergebnisse vor den 3D-Darstellungen ausgegeben.

Tangentialebenen parallel zu einer gegebenen Ebene: Die Prozedur ***Kugel_Ebene2*** erzeugt eine Kugel $k(M, r)$ und Ausschnitte der Tangentialebenen parallel zu einer vorgegebenen Ebene $E = (ABC)$ samt Gleichungen.

Eingabe der Kugel k und der Ebene E:

```
> M:=[2,5,-1]:r:=2:A:=[0,0,5]:B:=[-2,1,0]:C:=[0,1,3]:
> Kugel_Ebene2(M,r,A,B,C);
```

Koordinaten der Berührpunkte :

$$B1 \left[2 + \frac{6}{29}\sqrt{29},\ 5 - \frac{8}{29}\sqrt{29},\ -1 - \frac{4}{29}\sqrt{29}\right]$$

$$B2 \left[2 - \frac{6}{29}\sqrt{29},\ 5 + \frac{8}{29}\sqrt{29},\ -1 + \frac{4}{29}\sqrt{29}\right]$$

$$\textit{Gleichungen der Tangentialebenen}:$$

$$3\,x_1 - 4\,x_2 - 2\,x_3 + 12 - 2\sqrt{29} = 0$$

$$3\,x_1 - 4\,x_2 - 2\,x_3 + 12 + 2\sqrt{29} = 0$$

$$\textit{Radius des Schnittkreises}:$$

$$r' = \frac{4}{29}\sqrt{7}\sqrt{29}$$

$$\textit{Mittelpunkt des Schnittkreises}:$$

$$M'\left[\frac{64}{29}, \frac{137}{29}, \frac{-33}{29}\right]$$

animierte 3D-Darstellung !

Tangentialebenen parallel zu einer gegebenen Ebene

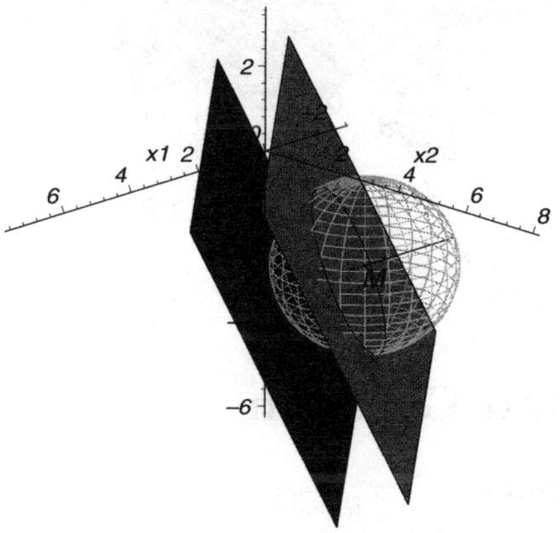

Tangentialebenen durch eine gegebene Gerade: Die Prozedur ***Kugel_Ebene3*** erzeugt eine Kugel $k(M, r)$ und die Tangentialebenen durch die Gerade $g = (PQ)$ samt Gleichungen. Als Ausschnitte der Ebenen werden Quadrate der Seitenlänge $2\,z\,r$ mit dem jeweiligen Berührpunkt als Diagonalenschnittpunkt gezeichnet, wobei z dem letzten Parameter beim Prozeduraufruf und r dem Kugelradius entspricht.

```
> M:=[1,2,0]: r:=3: P:=[3,2,5]: Q:=[6,2,-1]:
> Kugel_Ebene3(M,r,P,Q,2);
```

$$\textit{Koordinaten der Berührpunkte}:$$

$$\mathit{B1}\,[3,\,0,\,1]$$

$$\mathit{B2}\,[3,\,4,\,1]$$

$$\textit{Gleichungen der Tangentialebenen}:$$

$$\frac{2}{3}x_1 - \frac{2}{3}x_2 + \frac{1}{3}x_3 - \frac{7}{3} = 0$$

$$-\frac{2}{3}x_1 - \frac{2}{3}x_2 - \frac{1}{3}x_3 + 5 = 0$$

animierte 3D-Darstellung !

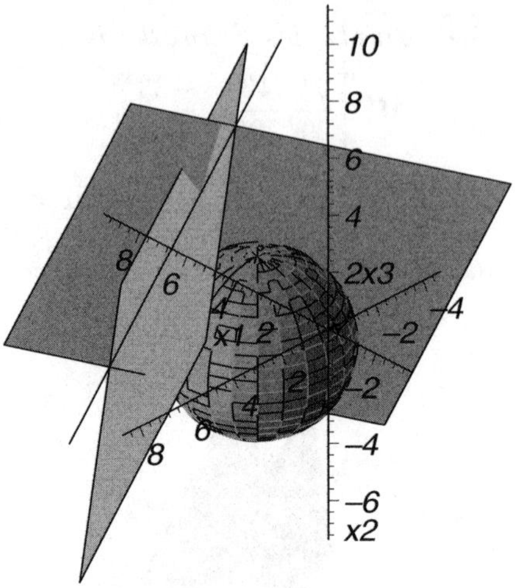

5.4 Kugeln und Geraden

Autor: Michael Laule

Schnittpunkte einer Geraden mit einer Kugel: Nach Übergabe der aktuellen Parameter zeichnet die Prozedur ***Kugel_Gerade1*** in einer Bildfolge ein Drahtgittermodell der Kugel $k(M,r)$ samt Mittelpunkt, einen Ausschnitt der Geraden $g = (PQ)$ sowie die Schnittpunkte bzw. den Berührpunkt von Gerade und Kugel.

```
> M:=[2,-1,5]: r:=6: P:=[3,-9,10]: Q:=[4,5,9]:
> Kugel_Gerade1(M,r,P,Q,0.2);
```

$$\textit{Schnittpunkte}:$$

$$S_1 \left[\frac{355}{99} + \frac{1}{99}\sqrt{691},\ -\frac{79}{99} + \frac{14}{99}\sqrt{691},\ \frac{932}{99} - \frac{1}{99}\sqrt{691}\right]$$

$$S_1\,[3.86,\ 2.91,\ 9.14]$$

$$S_2 \left[\frac{355}{99} - \frac{1}{99}\sqrt{691},\ -\frac{79}{99} - \frac{14}{99}\sqrt{691},\ \frac{932}{99} + \frac{1}{99}\sqrt{691}\right]$$

$$S_2\,[3.32,\ -4.51,\ 9.68]$$

animierte 3D-Darstellung !

Schnittpunkte einer Geraden mit einer Kugel

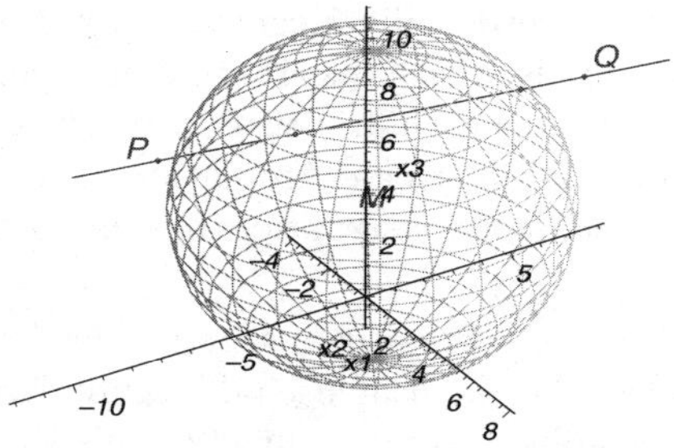

Berührkreis und Tangentialkegel: Die Prozedur ***Kugel_Gerade2*** erzeugt eine Kugel $k(M,r)$ und den Tangentialkegel an k mit der Spitze P. Die Koordinatengleichung der Berührkreisebene, die Koordinaten des Berührkreismittelpunktes und der Berührkreisradius werden ausgegeben.

```
> M:=[4,5,3]:r:=3:P:=[7,3,4]:
> Kugel_Gerade2(M,r,P,1.5);
```

$$\textit{Berührkreisebene}:$$

$$3\,x_1 - 2\,x_2 + x_3 - 14 = 0$$

$$\textit{Berührkreismittelpunkt}:$$

$$M'\ \left[\frac{83}{14}, \frac{26}{7}, \frac{51}{14}\right]$$

$$\textit{Berührkreisradius}:$$

$$r' = \frac{3}{14}\sqrt{70}$$

Beruehrkreis und Tangentialkegel

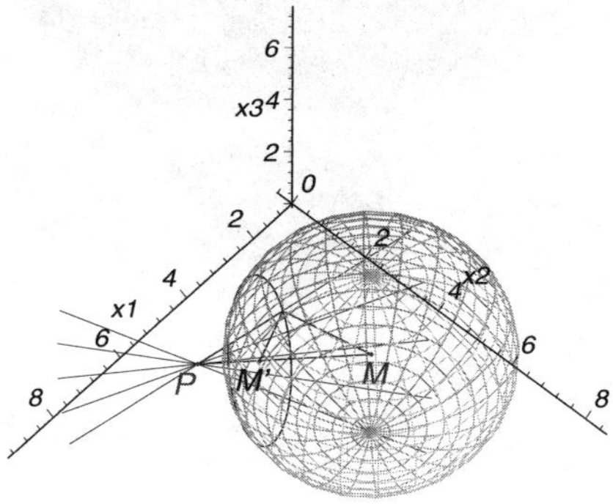

5.5 Kegelschnitte

Autor: Eberhard Endres

Dieses Worksheet stellt einige kleine Routinen zur Verfügung, die gewisse Eigenschaften der Kegelschnitte verdeutlichen helfen. In den ersten beiden Teilen dieses Worksheets werden die Kegelschnitte Ellipse und Parabel in einer 3D-Darstellung graphisch visualisiert. In den nächsten vier Menüpunkten wird die Brennpunktseigenschaft der Parabel bzw. Ellipse rechnerisch hergeleitet und anschließend über eine Animation graphisch veranschaulicht. Anschließend wird die Gärtnerkonstruktion in einer Animation nachvollzogen.

Die nächsten beiden Punkte beschäftigen sich mit der Leitgeradeneigenschaft der Parabel; zunächst wird diese Eigenschaft rechnerisch hergeleitet und die resultierende Parabel graphisch dargestellt. Anschließend wird die Konstruktion von Parabelpunkten über die Leitgeradeneigenschaft über eine Animation graphisch nachvollzogen. Der letzte Abschnitt erstellt eine Animation zur Konstruktion von Ellipsentangenten (als Winkelhalbierende zwischen den Brennstrahlen).

Räumliche Darstellung eines Kegelschnitts (Ellipse/Parabel): Die Prozeduren ***ellbild*** bzw. ***parbild*** zeichnen in dreidimensionaler Darstellung das Bild eines Kegels, der von einer Ebene so geschnitten wird, dass als Schnittkurve eine Ellipse bzw. Parabel entsteht. Die Anzahl der zu zeichnenden Bildpunkte ist frei wählbar. Je größer die Zahl der Bildpunkte umso besser die Auflösung des Bildes, umso länger jedoch auch der Bildaufbau!

```
> numpt:=800:  # Anzahl zu zeichnender Bildpunkte
> ellbild(numpt);
```

3D-Darstellung !

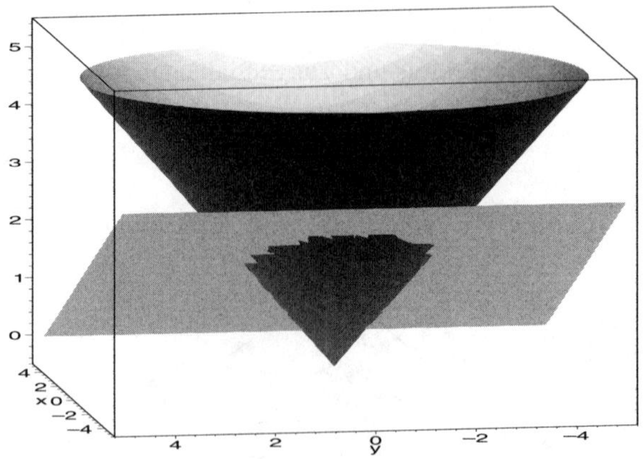

Brennpunktseigenschaft einer Parabel/Ellipse: Gegeben ist die Gleichung einer Parabel/Ellipse. Zu zeigen: Parallel auf die Parabel einfallende Strahlen werden in einen Brennpunkt reflektiert/Strahlen durch einen Ellipsenbrennpunkt werden in den anderen Ellipsenbrennpunkt reflektiert.

Im Worksheet wird die Brennpunktseigenschaft der Parabel/Ellipse durchgerechnet. Im ersten Teil für eine konkrete Parabel/Ellipse und einen konkreten Einfallsstrahl, im zweiten Teil für eine konkrete Parabel/Ellipse und einen beliebigen Einfallsstrahl und im dritten Teil für eine allgemeine Parabel/Ellipse und einen allgemeinen Einfallsstrahl.

Visualisierung der Brennpunktseigenschaft der Parabel/Ellipse: Mit Hilfe der Prozeduren ***brennpar*** und ***brennell*** werden parallel einfallende Strahlen gezeichnet und deren Reflexion an der Parabel (bzw. Strahlen durch einen Ellipsenbrennpunkt und deren Reflexion an der Ellipse) graphisch dargestellt.

```
> brennpar(k,Strahlen,Dicke);
```

Animation !

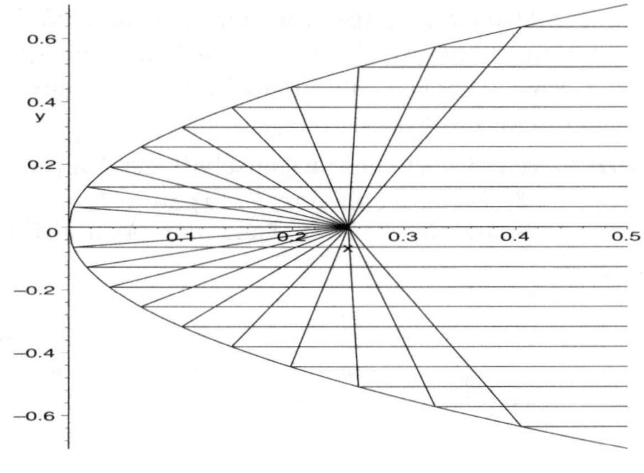

Visualisierung der Gärtnerkonstruktion: Die Prozedur ***gaertner*** zeichnet in einer Animation die Gärtner-Konstruktion einer Ellipse nach.

Visualisierung der Leitgeraden bei der Parabel: Auf einer Parabel liegen alle Punkte, die von einem gegebenen Punkt F (Brennpunkt) und einer Geraden g (Leitgerade) den gleichen Abstand haben. Die Prozedur ***anileitg*** stellt diesen Sachverhalt in einer kleinen Animation dar.

```
> a := 1/8:      # Parameter fuer die Parabel
  n := 50:       # Anzahl Bilder fuer die Animation
> anileitg ( a, n );
```

Animation !

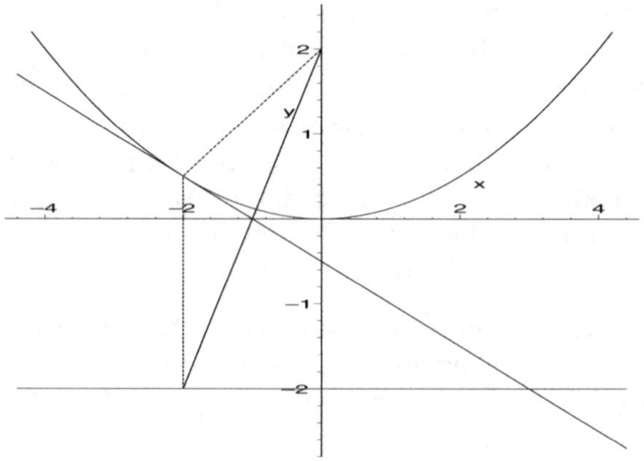

Visualisierung der Tangenteneigenschaft bei der Ellipse: Legt man die Tangente an eine Ellipse, dann ist diese Winkelhalbierende der beiden Geraden durch den Berührpunkt und einen Brennpunkt. Diese Eigenschaft kann man zur Konstruktion von Ellipsentangenten ausnutzen: Man trägt von einem Brennpunkt F_1 aus eine Strecke der Länge 2a ab. Die Mittelsenkrechte der Strecke mit den Endpunkten F_2 und dem Ende der abgetragenen Strecke ist dann eine Tangente an die Ellipse.

Die Prozedur ***anielli*** visualisiert diese Eigenschaft der Ellipsentangente.

```
> a:=5: b:=3:       # Halbachsen der Ellipse ( b < a )
  n:=50:            # Anzahl Bilder fuer die Animation
> anielli(a,b,n);
```

Animation !

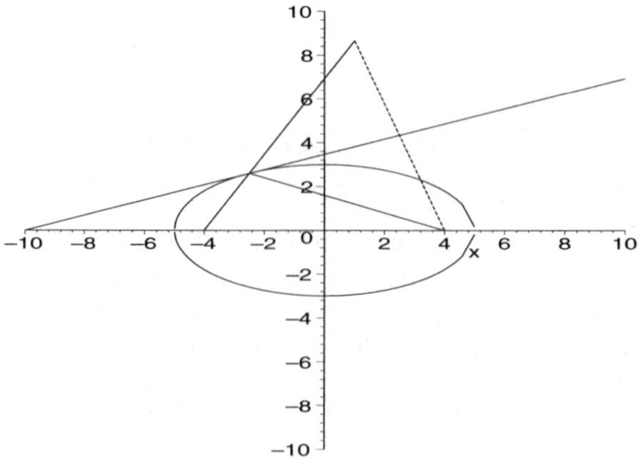

Weitere Themen auf der CD: Herleitung der Parabelgleichung aus der Leitgeradeneigenschaft.

5.6 Mehrstufige Prozesse

Autor: Eberhard Endres

Dieses Arbeitsblatt enthält drei Teile, mit denen die iterative Entwicklung einer Markovkette bearbeitet werden kann. Im ersten Teil wird eine Anfangsverteilung (gegeben durch einen Startvektor) anhand einer Übergangsmatrix in die entsprechenden Folgezustände übergeführt. Im zweiten Teil wird versucht, einen stabilen Zustand des Systems zu finden. Ausgegeben wird ggf. ein stabil bleibender Vektor (Eigenvektor) mit der gleichen Komponentensumme wie der Ausgangsvektor. Im letzten Teil wird die Entwicklung der einzelnen Komponenten des Zustandsvektors graphisch dargestellt. Startvektor und Übergangsmatrix können nach eigenen Gutdünken variiert werden; für eine Markovkette ist jedoch die Spaltensumme 1 in der Übergangsmatrix zu beachten!

Iterierung eines Markovprozesses: Gegeben ist der Startzustand v eines Systems sowie die zu der Markovkette gehörende Übergangsmatrix M:

```
> v0 := [ 1 , 0 , 0 ];                 # Anfangsverteilung
  M := 1/1000*matrix(3,3,              # Uebergangsmatrix
  [448, 054, 011,
  484, 699, 503,
  068, 247, 486]);
```

$$v0 := [1, 0, 0]$$

$$M := \frac{1}{1000}\begin{bmatrix} 448 & 54 & 11 \\ 484 & 699 & 503 \\ 68 & 247 & 486 \end{bmatrix}$$

Aus diesen Startbedingungen ergeben sich die nächsten Folgezustände:

```
> n := 5:                # Anzahl der Iterationen
  v:='v':v[0]:=v0;
  for i from 1 to n do
  v[i] := multiply ( M , v[i-1] )
  od:
  for i from 1 to n do `v`[i]=evalf(evalm(v[i])) od;
```

$$v_0 := [1, 0, 0]$$

$$v_1 = [.4480000000, .4840000000, .06800000000]$$
$$v_2 = [.2275880000, .5893520000, .1830600000]$$
$$v_3 = [.1357980920, .6141888200, .2500130880]$$
$$v_4 = [.09675388546, .6208008450, .2824452696]$$
$$v_5 = [.07997588428, .6228386418, .2971854739]$$

Stabiler Zustand des Systems: Eine stabile Verteilung s genügt der Gesetzmäßigkeit: $M \cdot s = s$. Eine stabile Verteilung ergibt sich durch Lösung des entsprechenden linearen Gleichungssystems. Die Lösung dieses linearen Gleichungssystems wird durch die Prozedur ***MstProzStabil*** durchgeführt.

Graphische Darstellung des Markovprozesses: Dieser Teil liefert eine graphische Ausgabe für die Entwicklung der einzelnen Komponenten der Zustandsvektoren. Die Prozedur ***MstProzBild*** zeichnet hierbei den Verlauf der einzelnen Komponenten des Zustandsvektors im Laufe der Iteration auf.

```
> v0 := [ 1 , 0 , 0 ]:                  # Anfangsverteilung
  M    := 1/1000*matrix(3,3,
  [448, 054, 011,                        # Uebergangsmatrix
  484, 699, 503,
  068, 247, 486]):
  n := 6:                                # Anzahl der Iterationen
  MstProzBild ( M, v0, n );
```

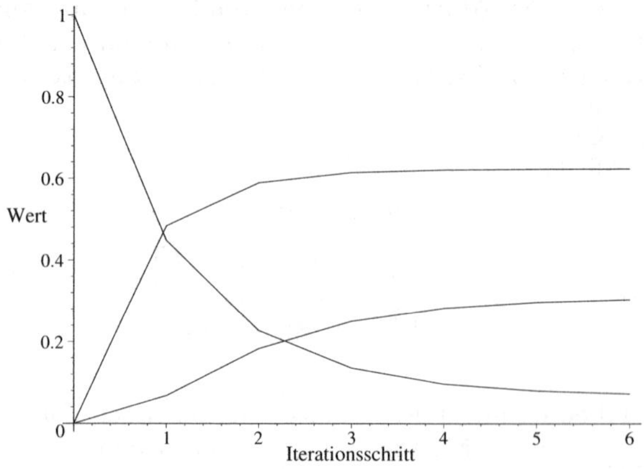

6. Lineare Algebra

6.1 Darstellung linearer Abbildungen im $\mathbb{R}^2$

Autor: Lothar Diemer

In der Sekundarstufe I werden Abbildungen für Punkte einer Ebene auf ihre Eigenschaften hin untersucht. Mit Hilfe der linearen bzw. affinen Abbildungen erhält man eine Klassifikation dieser Abbildungen auf einfache Art. Ziel dieses Worksheets ist es nun, Zusammenhänge zwischen den Eigenwerten, Eigenvektoren und den zugehörigen Abbildungen zu visualisieren. In den gewählten Beispielen rotieren ein Vektor und sein Bildvektor. Fallen beide zusammen, hat man einen Eigenvektor gefunden.

Demonstration mit vorgegebener Matrix: Mit Hilfe der Prozedur ***abbild*** soll der Zusammenhang von Eigenwerten und Eigenvektoren für eine vorgegebene Abbildung im $\mathbb{R}^2$ visualisiert werden. Dazu werden die Werte der 2×2-Abbildungsmatrix an die Prozedur übergeben. Die Prozedur erzeugt eine Animation, bei der ein Vektor $\vec{u}$ mit der Länge 1 und sein Bildvektor umlaufen. Fallen beide Vektoren zusammen, hat man nach Definition einen Eigenvektor gefunden.

> *Definition:* Sei f eine lineare Abbildung von $\mathbf{V}$. Ein Vektor $\vec{u}$ heißt Eigenvektor von f zum Eigenwert r $\quad (r \in \mathbb{R})$, wenn $f(\vec{u}) = r\vec{u}$ ist.

Zusätzlich werden bei den Beispielen zur jeweiligen Abbildungsmatrix die Eigenwerte und Eigenvektoren berechnet. In diesem und allen folgenden Beispielen können – ggf. nach Betrachtung der Animation aus den gegebenen Werten – jederzeit die Werte der Matrix A geändert werden. Nach Drücken der Eingabetaste werden die Animation und ebenso die Eigenwerte und Eigenvektoren neu berechnet.[1]

```
> A:=matrix(2,2,[[1,3],[0,4]]);
> Eigenwerte:=eigenvals(A);
  Eigenvektoren:=eigenvects(A);
  abbild(A);
```

$$A := \begin{bmatrix} 1 & 3 \\ 0 & 4 \end{bmatrix}$$

$$\mathit{Eigenwerte} := 1,\ 4$$

$$\mathit{Eigenvektoren} := [4,\ 1,\ \{[1,\ 1]\}],\ [1,\ 1,\ \{[1,\ 0]\}]$$

[1] Hinweis: In der letzten Zeile der Ausgabe wird z.B. der Eigenwert "4" genannt, dann seine Vielfachheit "1" und schließlich der zugehörige Eigenvektor $\{[1,1]\}$. Für den zweiten Eigenwert "1" gilt dies entsprechend.

Animation !

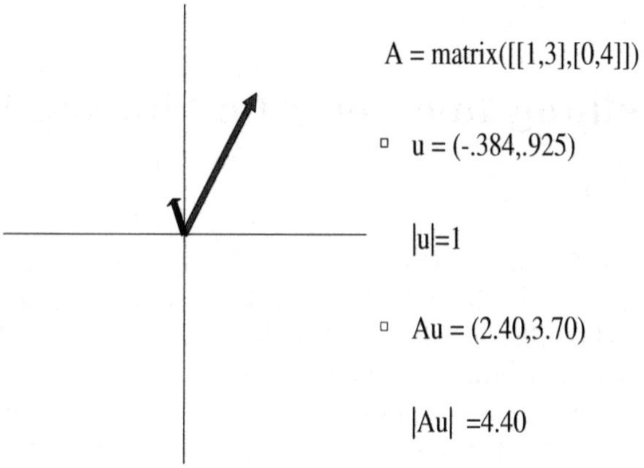

Parallelstreckung: Eine Parallelstreckung besitzt in mindestens einem Koordinatensystem eine Abbildungsmatrix der Form $\begin{bmatrix} 1 & 0 \\ 0 & s \end{bmatrix}$ mit $s \in \mathbb{R}\backslash\{0;1\}$. Für $s = 1$ hätte man die identische Abbildung, die hier ohne Bedeutung ist, und für $s = 0$ gibt es keine Affiniät. Aufruf und Berechnungen erfolgen in diesem Fall und in allen weiteren Beispielen wie oben.

Zentrische Streckung: Eine zentrische Streckung besitzt in mindestens einem Koordinatensystem eine Abbildungsmatrix der Form $\begin{bmatrix} r & 0 \\ 0 & r \end{bmatrix}$ mit $r \in \mathbb{R}\backslash\{0;1\}$. Für $r = 1$ hätte man wieder die identische Abbildung und für $r = 0$ gibt es keine Affiniät.

Euler-Affinität: Eine Euler-Affinität besitzt in mindestens einem Koordinatensystem eine Abbildungsmatrix der Form $\begin{bmatrix} r & 0 \\ 0 & s \end{bmatrix}$ mit $r, s \in \mathbb{R}\backslash\{0;1\}$ und $r \neq s$.

Scherung: Eine Scherung besitzt in mindestens einem Koordinatensystem eine Abbildungsmatrix der Form $\begin{bmatrix} 1 & c \\ 0 & 1 \end{bmatrix}$ mit $c \in \mathbb{R}\backslash\{0\}$.

Scherstreckung: Eine Scherstreckung besitzt in mindestens einem Koordinatensystem eine Abbildungsmatrix der Form $\begin{bmatrix} r & c \\ 0 & r \end{bmatrix}$ mit $r \in \mathbb{R}\backslash\{0;1\}$ und $c \in \mathbb{R}\backslash\{0\}$.

Abbildung ohne Eigenwerte: Hierzu darf es in der Animation keine Zustände geben, bei denen Vektor und Bildvektor zusammenfallen (siehe CD).

7. Komplexe Zahlen

7.1 Graphische Darstellung komplexer Zahlen und elementarer Rechenoperationen

Autoren: Julian Neubig, Thomas Westermann, Ivica Zelic

In dieser Ausarbeitung werden Prozeduren zur Verfügung gestellt, um komplexe Zahlen und die elementaren komplexen Rechenoperationen graphisch darzustellen. Die Prozeduren ***Dar*** und ***Kon*** stellen eine komplexe Zahl bzw. die komplex konjugierte Zahl in der komplexen Zahlenebene dar. Die Addition und Subtraktion wird durch die Prozeduren ***Add_*** und ***Sub*** realisiert, die beide Animationen liefern. Zunächst werden nur die beiden komplexen Zahlen dargestellt; anschließend in einer Animation über das entsprechende Parallelogramm die Summe bzw. die Differenz der Zahlen. Die Multiplikation und die Division werden durch die Prozeduren ***Mul*** und ***Div*** visualisiert. Die Prozedur ***Pot*** berechnet die Potenz und ***Root*** alle n-ten Wurzeln und stellt diese in der komplexen Ebene als Animation dar. Die komplexen Zahlen müssen nicht notwendigerweise in der algebraischen Normalform gegeben sein.

Darstellung einer komplexen Zahl in der komplexen Zahlenebene: Die Prozedur ***Dar*** stellt eine komplexe Zahl in der komplexen Zahlenebene dar, indem neben dem komplexen Punkt auch noch die Verbindungslinie zum Ursprung gezeichnet wird. Eine komplexe Zahl wird somit mit ihrem komplexen Zeiger identifiziert.

```
> with(komplex): c1:=-6+I*5
> Dar(c1,1.2);
```

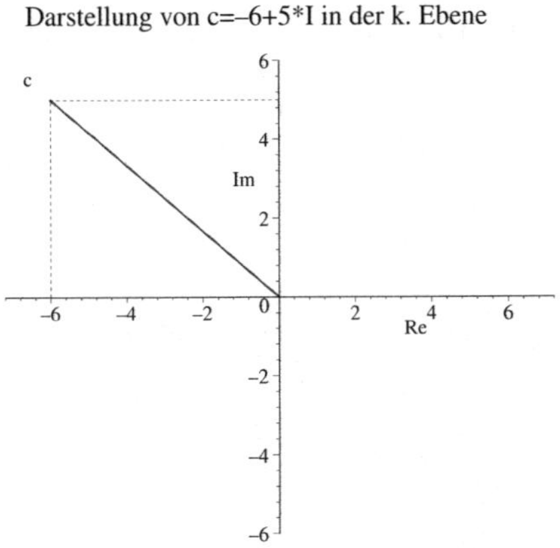

Addition zweier komplexer Zahlen: Die Prozedur ***Add_*** stellt die Addition zweier komplexer Zahlen in der komplexen Zahlenebene dar. Zunächst werden nur die beiden komplexen Zahlen dargestellt; anschließend in einer Animation über das Summen-Parallelogramm die Summe.

```
> c1:=-6+I*5:      c2:=4 +I*6:
> Add_(c1,c2);
```

Animation !

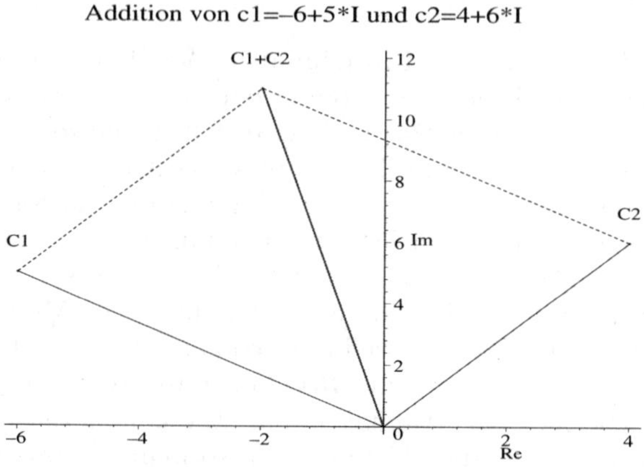

Subtraktion zweier komplexer Zahlen: Die Prozedur ***Sub*** visualisiert die Subtraktion zweier komplexer Zahlen in der komplexen Zahlenebene. Zunächst werden nur die beiden komplexen Zahlen dargestellt; anschließend in einer Animation über das entsprechende Parallelogramm die Differenz.

```
> c1:=-6+I*5:      c2:=5 +I*8:
> Sub(c1,c2);
```

Animation !

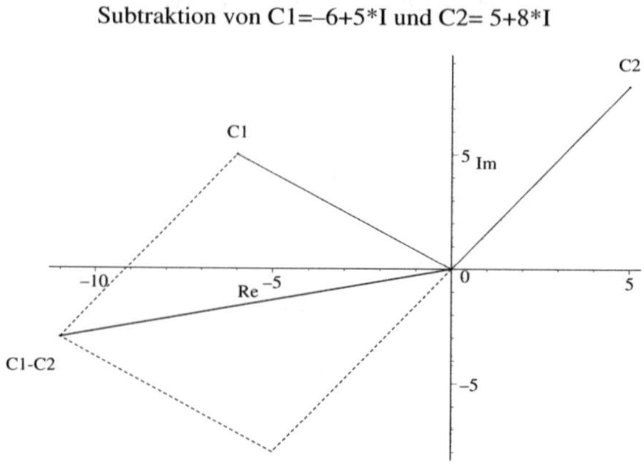

Die n-ten Wurzeln einer komplexen Zahl: Die Prozedur ***Root*** berechnet die n-ten Wurzeln einer komplexen Zahl und stellt diese in der komplexen Zahlenebene dar. Der Winkelabstand beträgt jeweils $\frac{2\pi}{n}$. Die Wurzeln sind rot dargestellt; die ursprüngliche komplexe Zahl grün.

```
> c1:=0.4+I:
> Root(c1,6);
```

Animation !

$$\textit{Die } 5-\textit{ten Wurzeln von } c = .4 + 1.\, I \textit{ lauten :}$$

$$c_0 = .9863287545 + .2393419123\, I$$
$$c_1 = .07716466125 + 1.012015108\, I$$
$$c_2 = -.9386383709 + .3861178212\, I$$
$$c_3 = -.6572750776 - .7733811708\, I$$
$$c_4 = .5324200327 - .8640936706\, I$$

Die 5-ten Wurzeln von c= .4+1.*I

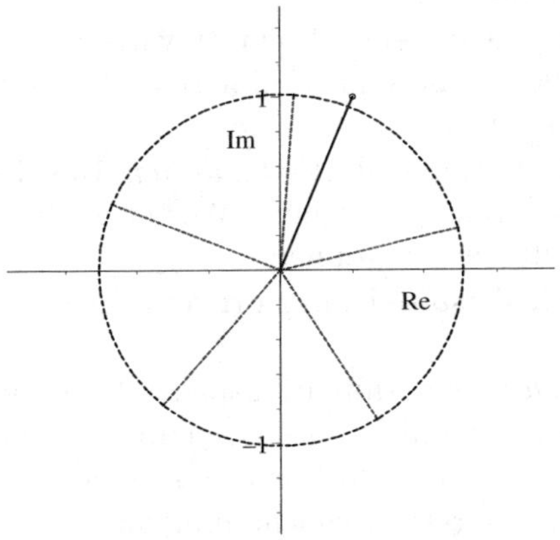

Weitere Themen auf der CD: Darstellung der komplex konjugierten Zahl in der komplexen Zahlenebene; Multiplikation und Division zweier komplexer Zahlen; Die n-te Potenz einer komplexen Zahl.

8. Differential- und Integralrechnung

8.1 Folgen

Autor: Christoph Fisches

Dieses Arbeitsblatt stellt einige Prozeduren und Animationen vor, die speziell für den unterrichtlichen Einsatz in einem Leistungskurs Mathematik geschrieben wurden. Die Visualisierung komplexer Begriffe und Gedankengänge aus dem Themenbereich Folgen soll dabei den Schülern nicht nur als einprägsames Hilfsmittel dienen, sondern auch ein ästhetisches Moment in den Unterricht bringen. Es wird gezeigt, wie der Fachlehrer maßgeschneiderte, auf den aktuellen Unterrichtsstoff bezogene Illustrationen mathematischer Sachverhalte erstellen kann, um damit den Lernprozess an geeigneten Stellen zu unterstützen.

- *Schneeflockenkurve (Kochkurve)* Das Animationspaket *Kochkurve* enthält drei Animationen, die das Konstruktionsprinzip der Kochschen Schneeflockenkurve veranschaulichen.
- *Folgen in Maple V* In diesem Abschnitt wird gezeigt, wie mit Maple V Folgen als (spezielle) Funktionen definiert und damit Glieder einer Folge berechnet werden können.
- *Graphische Darstellungen und Wertetabellen* Das Prozedurpaket *Folgen* enthält zwei Prozeduren, mit denen Wertettabellen erstellt und Folgen graphisch dargestellt werden können.
- Mit dem Systembefehl *rsolve* kann zu rekursiv gegebenen Folgen ein Term ermittelt werden.
- *Grenzwert einer Folge* Das Animationspaket *Grenzwertbegriff* enthält vier Animationen zur $\varepsilon\, n_0$-Definition des Grenzwerts einer Folge.
- *Konvergenz* Die Animation *Konvergenz* zeigt an einem Beispiel, wie mit Hilfe einer geeigneten Intervallschachtelung aus der Vollständigkeit der reellen Zahlen die Konvergenz einer monotonen und beschränkten Folge gefolgert werden kann.
- *Fibonacci-Folge* Die *Fibonacci-Folge* ist in Maple V bereits vordefiniert.

Schneeflockenkurve: Zur Einführung in das Stoffgebiet Folgen eignen sich u.a. Beispiele aus der fraktalen Geometrie. Hier wird die Konstruktion der Schneeflockenkurve (Helge von Koch 1904) vorgestellt. Mit dem oben geladenen Paket ***Kochkurve*** wurden drei Animationen bereitgestellt: ***Umfang***, ***Flaeche_einfarbig*** und ***Flaeche_mehrfarbig***.[1]

```
> Umfang;
```

[1] Im Worksheet ist zusätzlich noch die animierte Ausgabe der Fläche vorgesehen.

Animation !

Die S c h n e e f l o c k e n k u r v e (Helge von Koch, 1904)

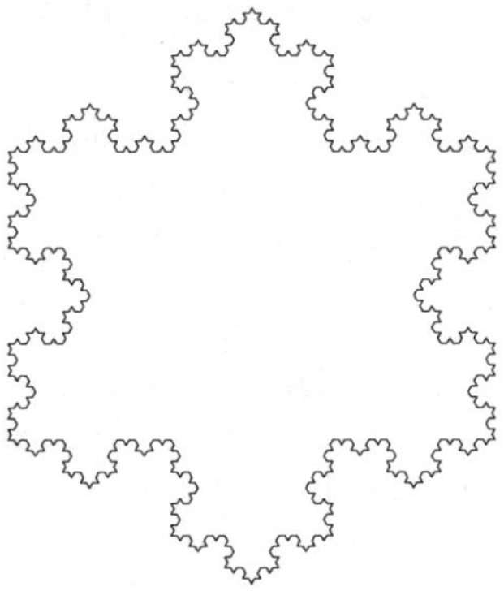

Graphische Darstellungen und Wertetabellen: Die Prozedur ***Folgengraph*** aus dem Paket Folgen stellt Glieder einer Folge durch Punkte in einem zweidimensionalen Koordinatensystem graphisch dar. Die unabhängige Variable kann dabei frei gewählt werden, muss aber bei der Bereichsangabe genannt werden. Die horizontale Achse wird entsprechend beschriftet.

```
> Folgengraph(3*(4/3)^(n-1),n=1..15);
```

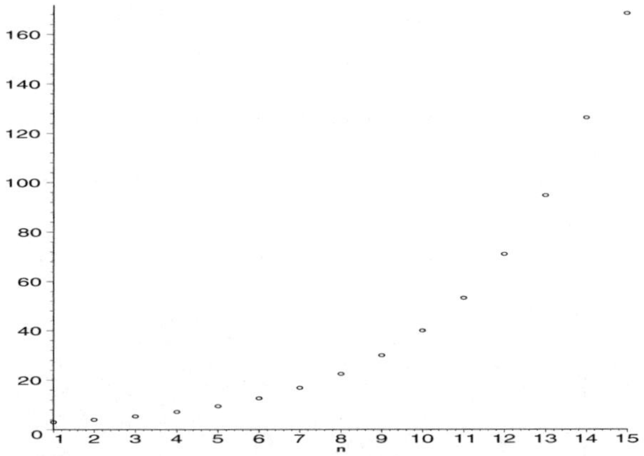

Die Prozedur ***Folgenwerte*** erstellt zu einer vorgegebenen Folge eine vertikal angeordnete Wertetabelle. Die erste (zweite) Spalte enthält die Werte der unabhängigen (abhängigen) Variablen. Wertetabelle mit exakten Werten der Umfangsfolge:

```
> Folgenwerte(3*(4/3)^(n-1),n=1..3);
```

$$\begin{bmatrix} 1 & 3 \\ 2 & 4 \\ 3 & \frac{16}{3} \end{bmatrix}$$

Näherungswerte in Dezimaldarstellung erhält man, indem man in der Folgendefinition Fließkommazahlen (mit Dezimalpunkt) verwendet. Wertetabelle mit Näherungswerten der Umfangsfolge:[2]

```
> Folgenwerte(3.0*(4/3)^(n-1),n=39..41);
```

$$\begin{bmatrix} 39 & 167800.4982 \\ 40 & 223733.9976 \\ 41 & 298311.9967 \end{bmatrix}$$

Im Worksheet wird anschließend die gleiche Betrachtung für die Folge der Flächeninhalte durchgeführt.

Grenzwert einer Folge: Die folgenden Animationen zur $\varepsilon\, n_0$ -Definition des Grenzwerts einer Folge aus dem Paket ***Grenzwertbegriff*** zeigen ε-Umgebungen von Zahlen, um deren Grenzwerteigenschaft auf anschaulichem Niveau zu diskutieren.

Zur Begriffsbildung werden typische Beispiele (monotone bzw. alternierende Folgen mit Grenzwert) aber auch nichttriviale Gegenbeispiele (Folgen mit einer bzw. 2 zwei Häufungszahlen) betrachtet. Im Buch wird exemplarisch nur die alternierende Folge mit dem Term $2 + \frac{(-1)^n}{n}$ wiedergegeben, die als ***Beispiel_2*** aufgerufen werden kann. Dabei wird klar, dass Monotonie für die Konvergenz einer Folge nicht notwendig ist.

```
> Beispiel_2;
```

Animation !

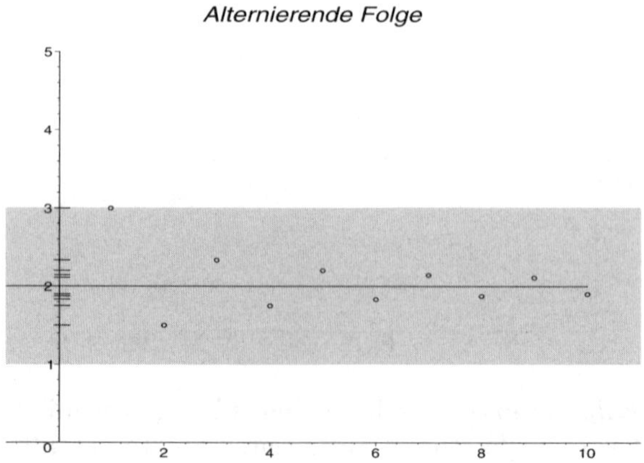

Weitere Themen auf der CD: Folgen in Maple V, Systembefehl *rsolve,* Konvergenz, Fibonacci-Folge.

[2] Es ist für viele Schüler erstaunlich, dass der Umfang „dieser kleinen Figur" nach nur wenigen Konstruktionsschritten bereits „Tausende von Kilometern" beträgt. Diese „Irritation" kann dazu beitragen, die Vertiefung des propädeutischen Grenzwertbegriffs zu motivieren.

8.2 Graphisches Differenzieren

Autor: Michael Laule

Ausgehend vom Tangentenproblem wird in diesem Arbeitsblatt zu einem Verfahren des graphischen Ableitens geführt. Im Vordergrund stehen dabei die Hintereinanderschaltung bzw. das Aufeinanderlegen einzelner Bilder in den Animationsgraphiken. Die Funktion f, der x- und der y-Zeichenbereich sowie die Anzahl der Bilder sind frei wählbar.

Graphisches Differenzieren: Die hier verwendete Prozedur ***Grafik*** zeichnet eine Folge von Tangenten in aufeinanderfolgenden Punkten $\mathrm{P}_i\,(x_i|\,\mathrm{f}(x_i))$ des Schaubildes der Funktion f mit den zugehörigen Punkten $\mathrm{Q}_i\,(x_i|\,\mathrm{f}'(x_i))$ des Schaubildes der Ableitungsfunktion. Die Werte $\mathrm{f}'(x_i)$ werden dabei graphisch bestimmt. Nach Übergabe der Funktion f, der x- und y-Bereiche sowie der Anzahl s der Schritte werden im Punkt $(-1|0)$ die Parallelen zu den Tangenten in den Punkten P_i gezeichnet. Die Ordinatenabschnitte b_i dieser Parallelen entsprechen den Steigungen der zugehörigen Tangenten. Somit gehören die Punkte $\mathrm{Q}_i\,(x_i|\,b_i)$ zum Schaubild der Ableitungsfunktion von f. Der x-Bereich wird dabei durch $s+1$ äquidistante Stellen $x_1 = x_l$, $x_2 = x_l + \frac{x_r - x_l}{s}$, $x_3 = x_l + \frac{2(x_r-x_l)}{s}, \ldots, x_{s+1} = x_r$ zerlegt.

Eingabe der Funktion f, des x- und y-Bereiches sowie der Schrittzahl s:

```
> f:=x->sin(x):
  xl:=-5: xr:=5: yu:=-2: yo:=2: s:=20:
> Grafik(f,xl,xr,yu,yo,s);
```

Animation!

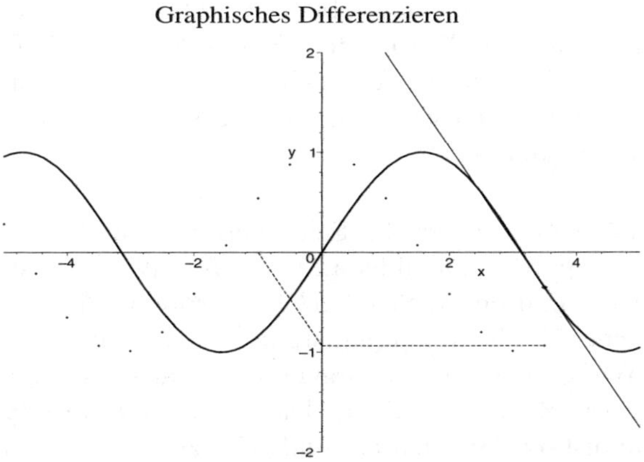

Weitere Themen auf der CD: Die Prozedur ***Sekanten*** zeichnet eine Folge von Sekanten durch ein und denselben Punkt $\mathrm{P}\,(x_s|\,\mathrm{f}(x_s))$ des Schaubildes einer Funktion. Hiermit lässt sich das Tangentenproblem visualisieren. Beim Ablauf der ***Tangenten***-Animation „rollt“ eine Tangente am Schaubild einer differenzierbaren Funktion entlang.

8.3 Graphischer Ansatz zur Bestimmung einer Fläche zwischen einer Kurve und der x-Achse

Autor: Eberhard Endres

Dieses Arbeitsblatt dient dazu, die prinzipielle Vorgehensweise zu visualisieren. Schrittweise wird hier die Idee der Aufteilung der Fläche in n Teilflächen sowie der Ansatz für Abschätzung über die Unter- und Obersumme hergeleitet.

Hinweise zur Methodik des Einsatzes: Mit diesem Worksheet kann als Hinführung zum Integralgedanken die sukzessive Verfeinerung der Aufteilung graphisch visualisiert werden. Zunächst wird die zu bestimmende Fläche dargestellt. Im nächsten Schritt wird die Einteilung dieser Fläche in n krummlinige Trapeze gezeigt, so dass in dieser Phase des Unterrichts das Gespräch reduziert werden kann auf die Bestimmung der Fläche durch Summation von Teilflächen. Nach Klärung dieses Sachverhalts wird man auf die Annäherung der Flächen durch ein- und umbeschriebene Rechtecke hinsteuern. Zur Verdeutlichung werden ein solcher Streifen und die dazugehörenden Rechtecksflächen farbig hervorgehoben.

Die anschließende Verfeinerung zielt auf die Erkenntnis der Fehlerreduktion ab. Diese Verkleinerung des Fehlers durch sukzessive Verfeinerung wird ebenfalls durch die anschließende Animation vorgeführt. Beim Durchlaufen der Animation wird den Schülern deutlich vor Augen geführt, wie die zunächst „kantige“ Gesamtfläche sich in der Form immer mehr der gewünschten Gesamtfläche annähert. Den Abschluss bildet eine Gesamtanimation, in der alle Teilbilder nochmals der Reihe nach dargestellt sind. Auf Wunsch kann der Fachlehrer auch anstelle der Abarbeitung dieses Arbeitsblattes nur diese Animation im Unterricht einsetzen und die entsprechenden Sachverhalte im Unterrichtsgespräch klären.

Die Prozedur ***Flaeche*** zeichnet das Schaubild der Funktion f und teilt diese Fläche im Intervall [a,b] in n äquidistante Streifen Wie groß ist denn solch ein Streifen, sagen wir mal der k. Streifen? Die Prozedur ***Teilflaeche*** zeichnet die Einteilung einer Fläche in n äquidistante Streifen und hebt einen Streifen farbig hervor. Wie groß ist die hervorgehobene Fläche? Wie groß ist sie denn mindestens? Wie groß ist sie maximal? Die Prozedur ***Unterflaeche*** teilt eine Fläche in n äquidistante Streifen ein und schätzt die Fläche des k. Streifens durch Rechtecke nach unten und oben ab.

```
> p[6]:=Unterflaeche(f,a,b,n,k): display(p[6]);
```

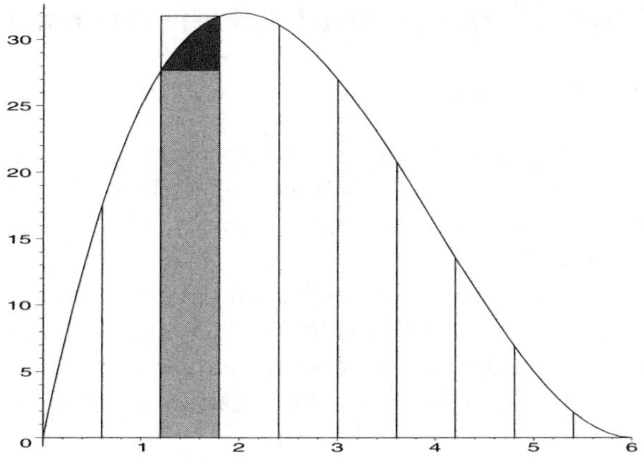

Wie können wir den Fehler jetzt verringern?

Gehen wir doch einfach zu dünneren Streifen und damit zu mehr Rechtecken über:

```
> n:=20:     # Zahl der Rechtecke
> k:=6:      # Nummer des betrachteten Rechtecks
> p[7]:=Unterflaeche(f,a,b,n,k): display(p[7]);
```

Schauen wir uns die Aufteilung sowie den entstehenden Fehler nochmals schrittweise und für die gesamte Fläche an! Die Prozedur ***Schachtelung*** zeichnet über einem krummlinigen Trapez die Abschätzungen über Unter- und Obersummen ein

```
> Teilung:=[6,12,25,50,100,250,600]; # Anzahl bei sukzessiver
  i:='i': q:=Schachtelung(f,a,b,Teilung):    # Teilung
> display(q[i]$i=1..nops(Teilung),insequence=true);
```

Animation !

Teilung := [6, 12, 25, 50, 100, 250, 600]

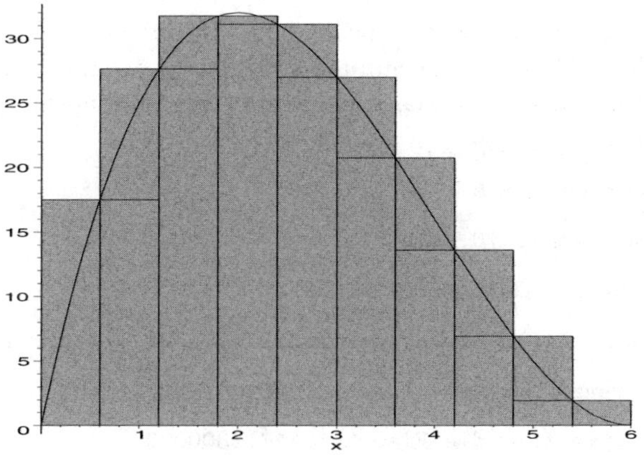

8.4 Rechnerischer Ansatz zur Bestimmung einer Fläche (Unter- und Obersumme)

Autor: Eberhard Endres

In diesem Arbeitsblatt werden die im Arbeitsblatt ***integ1.mws*** graphisch erläuterten Überlegungen in eine konkrete rechnerische Abschätzung umgesetzt. Dieser Block kann dazu verwendet werden, die Intervallschachtelung zu verdeutlichen, die durch Aufbau immer feinerer Teilungen für die Untersumme und Obersumme der Rechteckflächen entsteht. Damit wird die Existenz eines Grenzwertes für die Fläche des krummlinigen Trapezes motiviert. Die vorhergehenden graphischen Überlegungen der Abschätzung der Fläche des krummlinigen Trapezes durch Rechteckflächen werden jetzt quantitativ durchgerechnet!

Um eine exakte Abschätzung der Fläche des krummlinigen Trapezes durchführen zu können, muss das gesamte Intervall in Teilintervalle geteilt werden und in jedem Teilintervall der minimale und maximale Funktionswert bestimmt werden. Diese Abschätzung wird im folgenden für immer mehr Intervalle durchgeführt.

```
> Abschaetzung(f,0,6,4,2,2);

    Funktionsterm: x*(6-x)^2

    Gesamtintervall: [0, 6]

    Einteilung in: 4 Intervalle

    2 .Intervall

    Minimaler Funktionswert: 27.

    Maximaler Funktionswert : 32.

    Untere Grenze fuer die Flaeche: 40.50000000

    Obere Grenze fuer die Flaeche: 48.
```

Diese Abschätzung wird nun für die anderen Intervalle analog durchgeführt sowie über alle Teilflächen die Summe gebildet und damit eine untere und obere Abschätzung für die Fläche des krummlinigen Trapezes gewonnen:

```
> n:=20: Abschaetzung(f,0,6,n,1,n);

    Funktionsterm: x*(6-x)^2

    Gesamtintervall: [0, 6]

    Einteilung in: 20 Intervalle

    Summarische Abschaetzung der Intervalle Nr.  1 bis 20 :

    Untere Grenze fuer die Flaeche: 98.14770000

    Obere Grenze fuer die Flaeche: 117.3300000
```

Die Genauigkeit der Abschätzung kann erhöht werden, indem man die Gesamtfläche in mehr Teilflächen einteilt:

```
> n:=5000: Abschaetzung(f,0,6,n,1,n);

        Funktionsterm: x*(6-x)^2

        Gesamtintervall: [0, 6]

        Einteilung in: 5000 Intervalle

        Summarische Abschaetzung der Intervalle Nr.  1 bis 5000 :

        Untere Grenze fuer die Flaeche: 107.9615957

        Obere Grenze fuer die Flaeche: 108.0383957
```

8.5 Bestimmung der Fläche des krummlinigen Trapezes durch Grenzübergang auf unendlich viele Intervalle

Autor: Eberhard Endres

Nach der graphischen Einsicht in die Vorgehensweise (***integ1.mws***) und einer konkret durchgeführten rechnerischen Abschätzung (***integ2.mws***) werden diese Voraussetzungen nun für eine exakte rechnerische Überlegung verwendet. Ausgehend von der Idee der Unter-/Obersumme wird für eine konkret vorgegebene Funktion eine erste Abschätzung für die Fläche bestimmt. Hier wird insbesondere in einem zweiten Schritt ein allgemeiner k-ter Streifen berechnet, um die Möglichkeit der Summation von Teilflächen zu eröffnen, welche danach die sukzessive Verfeinerung durch Erhöhung der Intervallanzahl ermöglicht. Aus Vereinfachungsgründen (didaktische Reduktion) wird hier als Näherung für die Fläche eines Streifens die *Fläche der Mittenrechtecke* bestimmt. An dieser Stelle ist klarzumachen, dass diese Verfahrensweise beim Grenzübergang den gewünschten exakten Wert für die Fläche liefert (Eigenschaften der Intervallschachtelung der Unter- und Obersummen). Anschließend wird diese Abschätzung verbessert, indem zu sehr vielen Intervallen übergegangen wird und der *Grenzübergang für* $n \to \infty$ durchgeführt wird.

Der Zusammenhang zwischen dem Randfunktionsterm und dem Flächeninhaltsterm wird vorbereitet, indem die rechte Intervallgrenze nicht mehr auf einen festen Wert gesetzt, sondern durch eine Variable ersetzt wird. Hierdurch wird die *Entdeckung des Hauptsatzes der Differential- und Integralrechnung* vorbereitet. Um die Entdeckung zu unterstützen, wird schließlich noch die Randfunktion variiert. Durch die Betrachtung verschiedener Funktionen wird anhand des jeweiligen Vergleichs von Randfunktionsterm und

Flächeninhaltsfunktionsterm die selbständige Entdeckung des Satzes durch die Schüler „provoziert“.

Da wir die Fläche des krummlinigen Trapezes möglichst genau gewinnen wollen, müssen wir eine Einteilung in „sehr viele“ Teilintervalle vornehmen. Da die Bestimmung des minimalen und maximalen Funktionswerts in einem solchen Teilintervall rechenaufwendig ist, stellt man zunächst folgende Überlegung an: Wenn man sehr viele Intervalle verwendet, werden die Intervallbreiten sehr klein. Wenn die Randfunktion stetig ist, unterscheiden sich die minimalen und maximalen Funktionswerte mit zunehmender Intervallanzahl beliebig wenig z.B. von dem Funktionswert in der Mitte des Intervalls. Deshalb wird hier auf die Abschätzung der Fläche nach oben und unten verzichtet und nur die Fläche des Rechtecks als Näherungswert für die Fläche eines solchen Teilintervalls verwendet, welches als Breite die Intervallbreite und als Höhe den mittleren Funktionswert besitzt.

Diese Vorgehensweise und die zunehmende Genauigkeit der Flächenbestimmung wird zunächst nochmals visualisiert: Für kleine Intervallanzahlen ist die Näherung natürlich noch recht grob, aber mit zunehmender Zahl von Intervallen wird die Genauigkeit immer besser.

```
> f:=x->x*(6-x)^2;        # Funktionszuweisung
  n:=4;                   # Anzahl Intervalle
  a:=0;b:=6;              # Grenzen des Gesamtintervalls
  Intervallbreite := (b-a) / n;
```

$$f := x \to x\,(6-x)^2$$

$$n := 4$$

$$a := 0$$

$$b := 6$$

$$\mathit{Intervallbreite} := \frac{3}{2}$$

Betrachten wir zunächst das 2. Rechteck und bestimmen von diesem die Fläche:

```
> k:=2;
  Stelle := a + (k-1/2) * Intervallbreite; # Mitte
  Mittenwert := f(Stelle);  # Funktionswert an dieser Stelle
  A[k] := f(Stelle) * Intervallbreite;
```

$$k := 2$$

$$\mathit{Stelle} := \frac{9}{4}$$

$$\mathit{Mittenwert} := \frac{2025}{64}$$

$$A_2 := \frac{6075}{128}$$

Diese Berechnung wird nun für allgemeines k wiederholt:

```
> k:='k';
  Stelle := a + (k-1/2) * Intervallbreite;
  A[k] := f(Stelle) * Intervallbreite;
```

$$k := k$$

$$Stelle := \frac{3}{2}k - \frac{3}{4}$$

$$A_k := \frac{3}{2}\left(\frac{3}{2}k - \frac{3}{4}\right)\left(\frac{27}{4} - \frac{3}{2}k\right)^2$$

Nun kann man die n Rechteckflächen aufsummieren (der Index gibt die Zahl der verwendeten Intervalle an):

```
> Flaechensumme[n] := sum(A[k],k=1..n);
  evalf(%);
```

$$Flaechensumme_4 := \frac{891}{8}$$

$$111.3750000$$

Die Genauigkeit läßt sich natürlich steigern, indem man die Anzahl der Intervalle vergrößert und die Rechnung nochmals durchführt. Das Ganze lässt sich auch verallgemeinern, wenn man jetzt nicht mehr n fest vorgibt, sondern variabel lässt:

```
> n:='n';
  Intervallbreite := (b-a)/n;
  Stelle := a + (k-1/2) * Intervallbreite;
  A[k] := f(Stelle) * Intervallbreite;
  Flaechensumme[n] := simplify(sum(A[k],k=1..n));
```

$$n := n$$

$$Intervallbreite := 6\,\frac{1}{n}$$

$$Stelle := 6\,\frac{k - \frac{1}{2}}{n}$$

$$A_k := 36\,\frac{(k - \frac{1}{2})\left(6 - 6\,\frac{k - \frac{1}{2}}{n}\right)^2}{n^2}$$

$$Flaechensumme_n := 54\,\frac{2\,n^2 + 1}{n^2}$$

Wenn n gegen Unendlich strebt, dann nähert sich die Fläche immer mehr einem Grenzwert, nämlich:

```
> limit(Flaechensumme[n],n=infinity);
```

$$108$$

Wir gehen nochmals einen Schritt weiter und lassen jetzt auch die rechte Grenze b variabel, berechnen die Summe der Mittenrechteckflächen und führen den Grenzübergang durch!!

```
> b:='b'; n:='n';
  Intervallbreite := (b-a)/n;
  Stelle := a + (k-1/2) * Intervallbreite;
  A[k] := f(Stelle) * Intervallbreite;
  Flaechensumme[n] := simplify(sum(A[k],k=1..n));
  Flaeche_Grenzwert:=limit(Flaechensumme[n],n=infinity);
```

$$b := b$$

$$n := n$$

$$Intervallbreite := \frac{b}{n}$$

$$Stelle := \frac{(k - \frac{1}{2})\, b}{n}$$

$$A_k := \frac{(k - \frac{1}{2})\, b^2 \left(6 - \frac{(k - \frac{1}{2})\, b}{n}\right)^2}{n^2}$$

$$Flaechensumme_n := \frac{1}{8} \frac{b^2\,(2\,b^2\,n^2 + 144\,n^2 - 32\,b\,n^2 + 8\,b - b^2)}{n^2}$$

$$Flaeche\_Grenzwert := \frac{1}{4}\, b^4 + 18\, b^2 - 4\, b^3$$

Wie hängt die hier gewonnene Flächenformel mit der Randfunktion zusammen?

```
> `f(x)`=sort(expand(f(x)));
> `A(b)`=sort(Flaeche_Grenzwert);
```

$$f(x) = x^3 - 12\, x^2 + 36\, x$$

$$A(b) = \frac{1}{4}\, b^4 - 4\, b^3 + 18\, b^2$$

Den Zusammenhang sieht man vielleicht nicht sofort. Also führen wir das gleiche Verfahren bei einigen anderen Funktionen durch!

```
> f:=x->x^2;
  b:='b': n:='n': Intervallbreite := (b-a)/n:
  Stelle := a + (k-1/2) * Intervallbreite:
  A[k] := f(Stelle) * Intervallbreite:
> Flaechensumme[n] := simplify(sum(A[k],k=1..n)):
> Flaeche_Grenzwert:=limit(Flaechensumme[n],n=infinity):
> `f(x)`=sort(expand(f(x)));
> `A(b)`=sort(Flaeche_Grenzwert);
```

$$f := x \to x^2$$

$$f(x) = x^2$$

$$A(b) = \frac{1}{3}\, b^3$$

8.6 Visualisierung des Grenzübergangs der Abschätzung durch Unter- und Obersummen durch eine Animation

Autor: Eberhard Endres

In diesem Arbeitsblatt wird nochmals die Verbesserung der Genauigkeit der Abschätzung durch Unter- und Obersummen durch eine Animation visualisiert. In einer Folge von Abschätzungen wird jeweils die Unter- und Obersumme graphisch dargestellt sowie quantitativ ausgegeben. Dieser Teil besteht nur aus einer vorkompilierten Animation[3], die sowohl graphisch als auch quantitativ in einer einzigen Animation die sukzessive Verbesserung der Näherungswerte von Ober- und Untersummen aufzeigt. Dieses Arbeitsblatt kann gut als Abschlusswiederholung der Herleitung der Ober-/ Untersummenidee verwendet werden.

```
> n:=38: read "./content/aniint1.m"; k:='k':
  with(plots):display(PLOT(q[k])$k=1..n,insequence=true);
```

Animation !

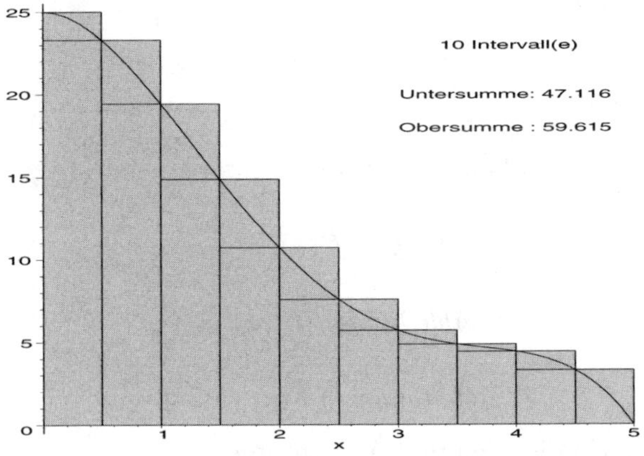

8.7 Kurvendiskussion

Autor: Eberhard Endres

Dieses Worksheet ist sicherlich sinnvoller in der Hand des Lehrers (zur Unterrichtsvorbereitung bzw. Lösung oder Korrektur von Klausuren/Klassenarbeiten) einsetzbar. Für den Einsatz im Unterricht wird es sich eher nicht

[3] Eine Änderung des auf der CD vorhandenen Quellcodes ist mit wenig Aufwand leicht möglich.

eignen. Die Prozeduren sind so aufbereitet, dass sie den Anforderungen an schulische Kurvendiskussionen angepasst sind. Insbesondere wurde versucht, die komplexen Lösungen, die Maple standardmäßig mitliefert, auszublenden.

Das Arbeitsblatt erhebt demgegenüber jedoch keinesfalls den Anspruch, bei allen Funktionsklassen adäquate Ergebnisse zu liefern. Getestet wurde das Worksheet bei ganzrationalen und gebrochen-rationalen Funktionen nicht allzu komplexer Gestalt. Natürlich können einzelne Prozeduren auch bei anderen Funktionsklassen geeignete Ergebnisse liefert; dies ist jedoch nicht garantiert! [4]

Muster-Kurvendiskussion: Im Folgenden wird eine Kurvendiskussion vorgestellt, die einen Teil der Prozeduren des Pakets ***kurvdisk*** verwendet. Diese Muster-Kurvendiskussion ist auf rationale Funktionen abgestimmt.

```
> restart: with(kurvdisk):
  f := x->1/6*(x+3/x+4);
```

$$f := x \to \frac{1}{6}\,x + \frac{1}{2}\,\frac{1}{x} + \frac{2}{3}$$

Bestimmung der Definitionsmenge:

```
> lprint(`D = R \\ `, Definitionsluecken(f));
```

```
D = R \    {0}
```

Ableitungen:

```
> Ableitungen(f);
```

$$\begin{aligned} \textit{Funktion}: \quad f(x) &= \frac{1}{6}\,x + \frac{1}{2}\,\frac{1}{x} + \frac{2}{3} \\ \textit{1. Ableitung}: \quad f'(x) &= \frac{1}{6} - \frac{1}{2}\,\frac{1}{x^2} \\ \textit{2. Ableitung}: \quad f''(x) &= \frac{1}{x^3} \\ \textit{3. Ableitung}: \quad f'''(x) &= -3\,\frac{1}{x^4} \end{aligned}$$

Untersuchung auf Polstellen und Asymptoten:

```
> if Polstellen(f) <> {} then
  print(`vertikale Asymptote bei x=`,op(Polstellen(f)))
  else
  print(`keine Polstellen`) fi;
```

[4] Weitere Besonderheiten des Worksheets: Konstante Funktionen wie auch eingebaute Standardfunktionen (sqrt, sin, cos, ...) werden nicht korrekt bearbeitet, weil hier die interne Speicherung dieser Standardfunktionen abweicht; Tip: Diskutieren Sie stattdessen $x \mapsto 2 * \sqrt{(x)}$ oder $x \mapsto 4 * \sin(x)$. Durch die Multiplikation speichert Maple die Funktion in der erwarteten Weise! Die Prozeduren ***Extremstellen*** und ***Wendestellen*** liefern nur Kandidaten für Extrema und Wendepunkte; eine geeignete hinreichende Bedingung ist auf jeden Fall noch zu überprüfen. Die Konvergenz der Newton-Iteration wird nicht überprüft; hier müssen geeignete Startwerte selbst gewählt werden.

```
> if Asymptote(f) <> NULL then
  print(`schiefe Asymptote:`,y=Asymptote(f)(x))
  else
  print(`keine schiefe oder horizontale Asymptote`) fi;
```

$$\textit{vertikale Asymptote bei } x = 0$$

$$\textit{schiefe Asymptote} : y = \frac{1}{6}\,x + \frac{2}{3}$$

Nullstellen:

```
> Punkte(f,Nullstellen(f));
```

$$[-1, 0, m = \frac{-1}{3}], [-3, 0, m = \frac{1}{9}]$$

Extrempunkte:

```
> Horiz:=Horizontalstellen(f):
  f2 := D(D(f)):
  for i from 1 to nops(Horiz) do
  if evalf(f2(op(i,Horiz)))<0 then
  print(Hochpunkt,Punkte(f,{Horiz[i]}))
  elif evalf(f2(op(i,Horiz)))>0 then
  print(Tiefpunkt,Punkte(f,{Horiz[i]}))
  else
  print(`Sattelpunkt? `,Punkte(f,{Horiz[i]}))
  fi
  od;
```

$$\textit{Tiefpunkt}, [\sqrt{3}, \frac{1}{3}\sqrt{3} + \frac{2}{3}, m = 0]$$

$$\textit{Hochpunkt}, [-\sqrt{3}, -\frac{1}{3}\sqrt{3} + \frac{2}{3}, m = 0]$$

Wendepunkte:

```
> Wende:=Wendestellen(f):
> for i from 1 to nops(Wende) do
  if is((D@@3)(f)(op(i,Wende))<>0) then
  print(`Wendepunkt`,Punkte(f,{Wende[i]}))
  else
  print(`Extrempunkt? `,Punkte(f,{Wende[i]}))
  fi
  od;
```

Näherungslösung für die Nullstelle von f mittels Newtonscher Iteration:

```
> Newton(f,1,5);

   1. Naeherung : 5.
   2. Naeherung : -5.909090909
   3. Naeherung : -3.265147592
   4. Naeherung : -3.009176545
   5. Naeherung : -3.000013907
```

$$-3.000013907$$

Wertetabelle:

```
> Wertetabelle(f,-4,4,2);

Wertetabelle fuer die Funktion f: x -> 1/6*x+1/2/x+2/3

x f(x)

[ -4.000 / -.125 ]

[ -2.000 / .083 ]

Definitionsluecke bei 0.000

[ 2.000 / 1.250 ]

[ 4.000 / 1.458 ]
```

Tangente an der Stelle x=-2 und Normale an der Stelle x=1 an das Schaubild von f:

```
> t:=Tangente(f,1);
  n:=Normale(f,1);
```

$$t := x \to -\frac{1}{3}\,x + \frac{5}{3}$$

$$n := x \to 3\,x - \frac{5}{3}$$

Schaubild von f samt obiger Tangente und Normale::

```
> Optionen:=
{color=[black,red,blue,maroon],scaling=constrained}:
> Schaubild([f,t,n,Asymptote(f)],-3,3,-1,4,Optionen);
```

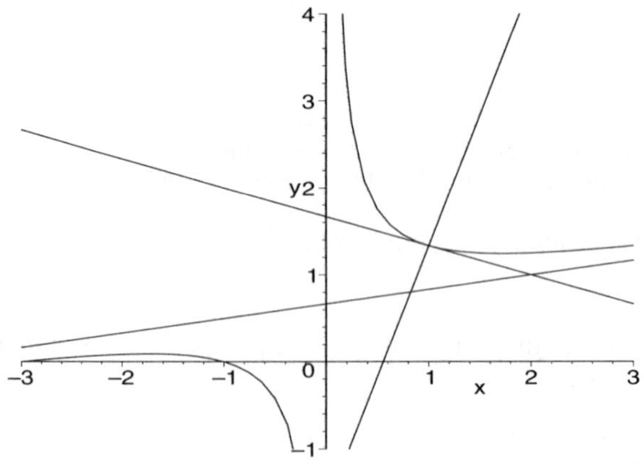

Weitere Themen auf der CD: Definitionslücken, Ableitungen, Nullstellen, Horizontalstellen, Extremstellen, Wendepunkte, Tangente an Schaubild, Normale in einem Kurvenpunkt, Wertetabelle, Näherungslösung einer Gleichung (Newton), Schaubild, Polstellen, Asymptoten.

8.8 Fundamentalsatz der Differential- und Integralrechnung

Autor: Thomas Westermann

Die Prozedur ***Fundamentalsatz*** stellt zum einen den Zusammenhang zwischen einer Funktion f(x) und der zugehörigen Integralfunktion

$$\mathrm{F}(x) = \int_a^x \mathrm{f}(t)\,dt$$

her, indem die Funktion f(x) schrittweise aufintegriert wird. F(x) ist dann ein Maß für die Fläche unterhalb der Kurve f(x).

Anschließend wird die Funktion F(x) graphisch differenziert. Es zeigt sich dann zum anderen, dass die Ableitung der Integralfunktion F(x) wieder den Integranden f(x) ergibt. Beide Aussagen werden in Form einer Animation visualisiert.

Visualisierung des Fundamentalsatzes: Die Prozedur ***Fundamentalsatz*** stellt in Form von zwei Animationen den Zusammenhang zwischen dem Integranden und der Integralfunktion graphisch dar. Es wird gezeigt, dass durch schrittweises Aufintegrieren von f(x) die Integralfunktion ein Maß für die Fläche unterhalb der Kurve in Abhängigkeit der oberen Grenze darstellt als auch, dass die Ableitung der Integralfunktion wieder den Integranden ergibt.

Die erste Animation stellt den Funktionsgraphen (grün) sowie die Fläche unterhalb der Kurve für anwachsende x-Werte dar. Rot gezeichnet ist der zugehörige Flächenwert unterhalb der Kurve. Die zweite Animation geht von der Integralfunktion aus und differenziert diese schrittweise. Sowohl die Tangente an die Integralfunktion als auch die Ableitung werden blau gezeichnet. Die Ableitung stimmt dann genau mit der grün gezeichneten Kurve des Integranden überein!

```
> restart: with(fundsatz):
> f:= x -> sin(x)/x:
> a:=0.1: b:=20: n:=15:
> Fundamentalsatz(f(x), x=a..b, n, view=-0.5..2);
```

Animation !

Integralfunktion

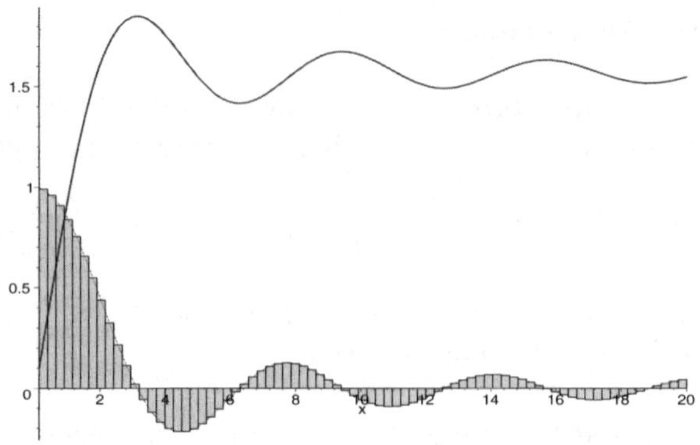

Ableitung der Integralfunktion

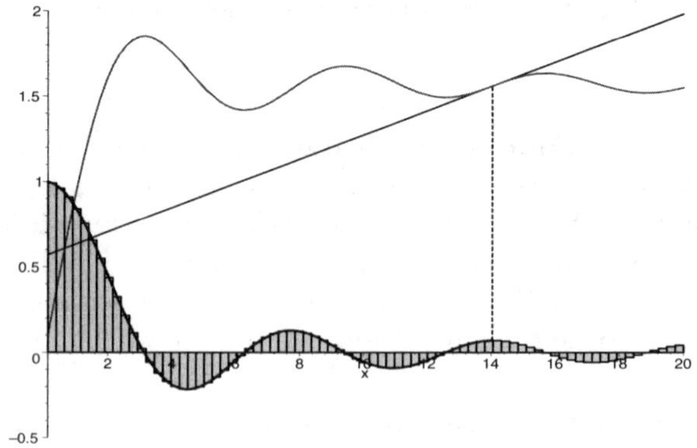

8.9 Darstellung der Konvergenz der Taylorreihe

Autor: Thomas Westermann

Die Prozedur ***taylor1d*** stellt den Annäherungsprozess der Taylorreihe an die Funktion mit wachsender Ordnung in Form einer Animation graphisch dar. Sie visualisiert die Konvergenz für eine Funktion in einer Variablen.

Animation zur Taylorschen Reihe: Gesucht ist die Taylorreihe der Sinusfunktion am Entwicklungspunkt $x = \frac{\pi}{3}$ bis zur Ordnung 15. Die Darstellung soll im x-Bereich von -10 bis 10 und im y-Bereich von -2 bis 2 erfolgen:

```
> f(x) := sin(x):      #Funktion
  x0 := Pi/3:          #Entwicklungspunkt
```

```
> with(taylor1d):
  taylor1d(f(x), x=x0, 15, -10..10, -2..2);
```

Animation !

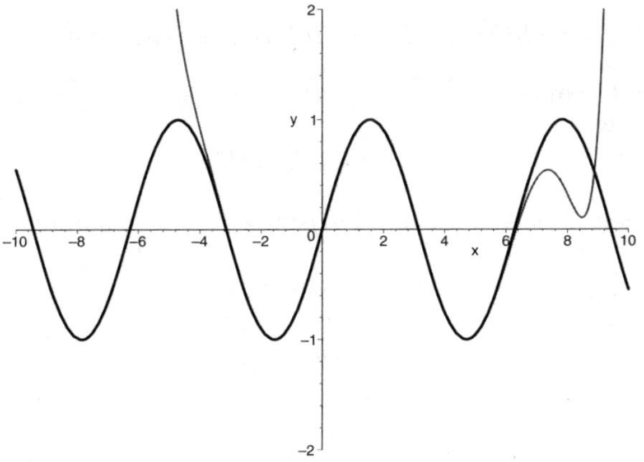

Quelle: Die zugrundeliegende Prozedur wurden aus Kapitel VII (Funktionenreihen) des Lehrbuchs T. Westermann, „Mathematik für Ingenieure mit Maple (Band 1)“, Springer-Verlag Heidelberg 1996, entnommen.

8.10 Rotationskörper

Autor: Thomas Westermann

Die in diesem Abschnitt beschriebenen Prozeduren stellen Rotationskörper graphisch dar, die durch Rotation einer Funktion $y = \mathrm{f}(x)$ an der x-Achse oder y-Achse entstehen. ***xrotate*** berechnet das Volumen und die Mantelfläche eines Rotationskörpers, der um die x-Achse rotiert; ***yrotate*** berechnet das Volumen und die Mantelfläche eines Rotationskörpers, der um die y-Achse rotiert. In beiden Fällen erfolgt eine dreidimensionale Darstellung des Körpers. Man beachte, dass die verwendeten Formeln nur Gültigkeit besitzen, wenn der Graph der Funktion $y = \mathrm{f}(x)$ die Rotationsachse nicht schneidet. Ansonsten muss y durch den Betrag von y ersetzt werden.

Graphische Darstellung eines Drehkörpers um die x-Achse: Die Prozedur ***xrotate*** bestimmt das Volumen und die Mantelfläche des Rotationskörpers, der durch Rotation eines Funktionsgraphen $y = \mathrm{f}(x)$ um die x-Achse entsteht, und stellt sowohl die Funktion als auch den Rotationskörper graphisch dar. Der Aufruf der Prozedur erfolgt wie der plot-Befehl ohne Optionen.

Gesucht ist das Volumen V_x und die Mantelfläche M_x des Körpers, der durch Rotation der Funktion $y = \sin(x)$ an der x-Achse im Intervall $[0, \pi]$ entsteht.

```
> with(rotkoerp):
> xrotate(sin(x),x=0..Pi);
```

Die Mantelfläche M des Rotationskörpers ist ,

$$2\,\pi \int_0^{\pi} \sin(x)\,\sqrt{1+\cos(x)^2}\,dx = 2\,\pi\,(\sqrt{2} + \ln(\sqrt{2}+1))$$

$$M = 14.42359945$$

Das Volumen V des Rotationskörpers ist , $\pi \int_0^{\pi} \sin(x)^2\,dx = \frac{1}{2}\,\pi^2$

$$V = 4.934802202$$

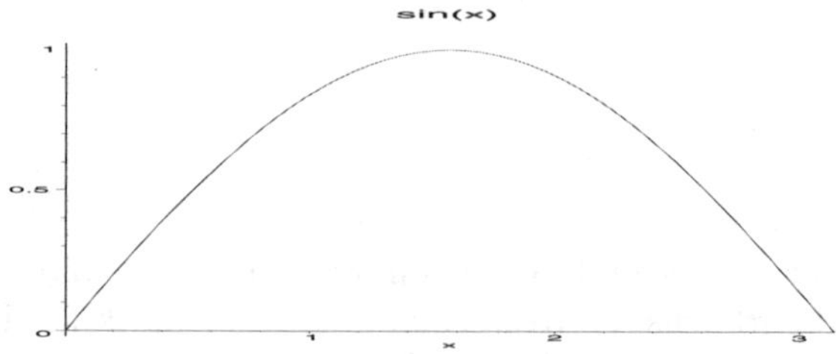

3D-Darstellung !

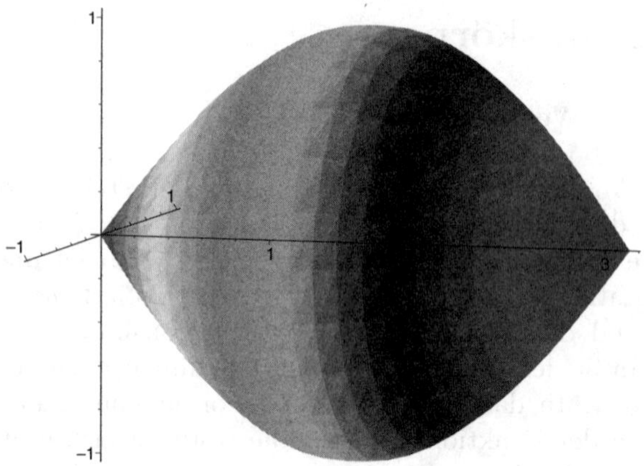

Weitere Themen auf der CD: Graphische Darstellung eines Drehkörpers um die y-Achse.

9. Iterationsverfahren

9.1 Einschließungsverfahren

Autor: Thomas Westermann

Die in diesem Abschnitt beschriebenen Prozeduren bestimmen Nullstellen von stetigen Funktionen durch die Anwendung von numerischen Einschließungsverfahren, welche die gesuchte Nullstelle in einem kleinerwerdenden Intervall einschließen. Es wird sowohl die Bisektionsmethode ***bise*** (=Intervallhalbierungsverfahren) als auch das Pegasusverfahren ***Pegasus*** in Form einer Animation visualisiert. Voraussetzung für die Verfahren ist, dass die stetigen Funktionen an den Intervallgrenzen ein unterschiedliches Vorzeichen besitzen!

Graphische Darstellung des Bisektionsverfahrens: Das Bisektionsverfahren berechnet den Funktionswert in der Intervallmitte und ersetzt dann den Intervallrand durch die Mitte, welcher das gleiche Funktionsvorzeichen besitzt. Das Verfahren wird über den Aufruf der Prozedur ***bise*** durch eine Animation visualisiert, indem die Funktion zusammen mit den sich verkleinernden Intervallgrenzen als Graph gezeichnet werden. Der Aufruf der Prozedur erfolgt wie der plot-Befehl ohne Optionen. Gesucht ist die Nullstelle der Funktion $\sqrt{x} - 1$ im Intervall [0.5;2].[1]

```
> with(bisepeg): f:=sqrt(x)-1;
> bise(f, x=0.5..2);
```

$$f := \sqrt{x} - 1$$

Die Nullstelle liegt nach 14 *Iterationen bei xi* = .9999694830

Animation !

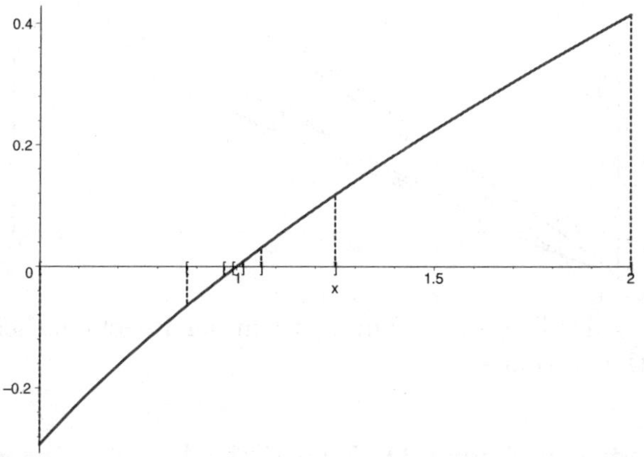

[1] Auf die Ausgabe der numerischen Werte wurde aus Platzgründen verzichtet!

Graphische Darstellung des Pegasusverfahrens: Das Pegasusverfahren bestimmt im Innnern des Intervalls durch ein modifiziertes Sekantenverfahren einen Punkt, der den Intervallrand mit dem gleichen Funktionsvorzeichen ersetzt. Der wesentliche Unterschied zum Intervallhalbierungsverfahren ist, dass das Zwischenintervall nicht mehr die Mitte der beiden aktuellen Grenzen ist, sondern der Schnittpunkt der Sekanten mit der x-Achse die neue Intervallgrenze liefert! Das Verfahren wird mit Hilfe der Prozedur ***Pegasus*** durch eine Animation visualisiert, indem die Funktion zusammen mit den jeweiligen Sekanten als Graph abgespielt werden. Der Aufruf der Prozedur erfolgt wie der plot-Befehl ohne Optionen.

Gesucht ist die Nullstelle der Funktion $x^3 - \sqrt{x^2+1}$ zwischen -2 und 2. Wir zeichnen daher die Funktion in diesem Bereich.

```
> f:=x^3-sqrt(x^2+1);
  plot (f,x=-2..2);
```

$$f := x^3 - \sqrt{x^2+1}$$

Die im Buch unterdrückte Ausgabe des plot-Befehls zeigt, dass eine Nullstelle dieser Funktion zwischen 1 und 2 liegt! Daher wird das Anfangsintervall der Iteration auf I = [1,1.8] gesetzt. Auch hier wurde auf die Ausgabe der numerischen Werte wurde aus Platzgründen verzichtet!

```
> Pegasus(f,x=1..1.8);
```

Die Nullstelle liegt nach 6 *Iterationen bei xi* = 1.150963925

Animation !

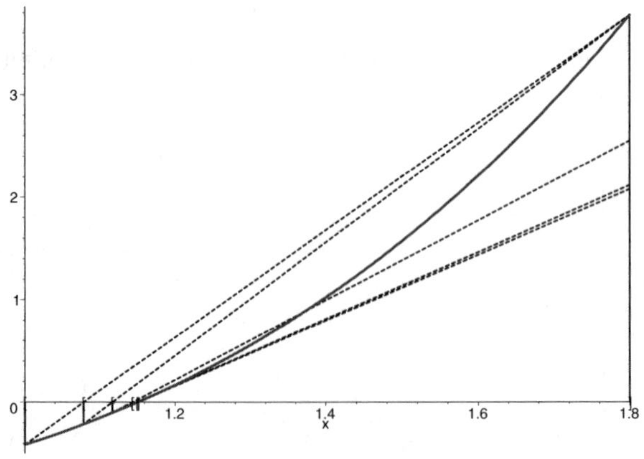

Die Konvergenz des Pegasusverfahrens ist in der Regel deutlich schneller als die des Bisektionsverfahrens.

Weitere Themen auf der CD: Numerische Ausgaben beider Verfahren.

9.2 Iterationsverfahren

Autor: Thomas Westermann

Die in diesem Abschnitt beschriebenen Prozeduren bestimmen Nullstellen von stetigen Funktionen durch die Anwendung iterativer Verfahren wie das Newtonverfahren und das Sekantenverfahren (=regula falsi). Diese Verfahren konvergieren im Gegensatz zu den Einschließungsverfahren in der Regel nur dann, wenn der Startwert (bzw. die beiden Startwerte im Falle der regula falsi) nahe der Nullstelle gewählt werden.

Graphische Darstellung des Newtonverfahrens: Die Prozedur ***Newtonverf*** bestimmt eine Nullstelle einer stetig-differenzierbaren Funktion durch das Newtonverfahren. Neben der Berechnung der Nullstelle durch das Newtonverfahren stellt sie noch eine graphische Animation des Annäherungsprozesses dar. Ausgehend von einem Startwert x_0 wird der Schnittpunkt der Tangente mit der x-Achse als neuer Wert der Iteration berechnet. Die Angabe des Intervalls beim Aufruf ist nur für die graphische Ausgabe, nicht aber für das Verfahren notwendig.
Gesucht ist eine Nullstelle der Funktion $-x^5 + \sqrt{x^2+1}$. Als Startwert wählen wir $x_0 = 2$ und visualisieren das Verfahren im Intervall [1;2].[2]

```
> with(newregfa):
> Newtonverf(-x^5+sqrt(x^2+1), x=1..2, 2);
```

Die Nullstelle liegt nach 6 *Iterationen bei xi* $= 1.080418427$

Animation !

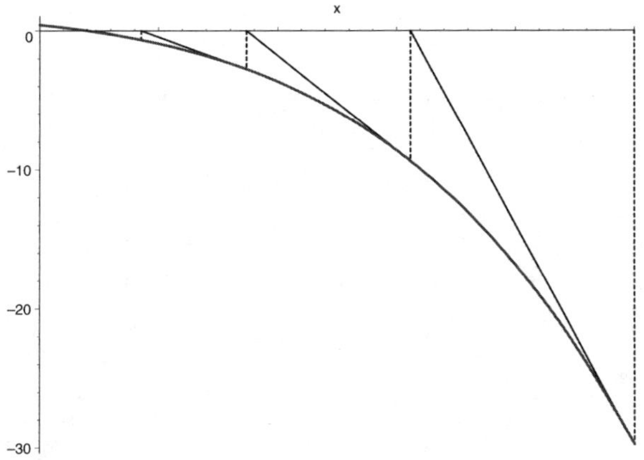

[2] Auf die Ausgabe der numerischen Werte wurde aus Platzgründen verzichtet!

Graphische Darstellung der regula falsi: Die Prozedur ***refa*** bestimmt eine Nullstelle einer stetigen Funktion durch das Sekantenverfahren (=regula falsi). Neben der Berechnung der Nullstelle durch das Sekantenverfahren stellt sie noch eine graphische Animation des Annäherungsprozesses dar. Ausgehend von den Startwerten x_0 und x_1 wird der Schnittpunkt der Sekanten mit der x-Achse als neuer Wert der Iteration berechnet. Die Angabe des Intervalls beim Aufruf ist nur für die graphische Ausgabe, nicht aber für das Verfahren notwendig.

Gesucht ist eine Nullstelle der Funktion $-x^5 + \sqrt{x^2+1}$. Als Startwerte wählen wir $x_0 = 1.8$ und $x_1 = 2$ und visualisieren das Verfahren im Intervall [1,2].

```
> with(newregfa):
> refa(-x^5+sqrt(x^2+1), x=1..2, 2, 1.8);
```

```
Nach der 1. Iteration ist die NS bei 1.36249736

Nach der 2. Iteration ist die NS bei 1.22275201

Nach der 3. Iteration ist die NS bei 1.13567846

Nach der 4. Iteration ist die NS bei 1.09358246

Nach der 5. Iteration ist die NS bei 1.08180271

Nach der 6. Iteration ist die NS bei 1.08045517

Nach der 7. Iteration ist die NS bei 1.08041853

Nach der 8. Iteration ist die NS bei 1.08041843
```

$$\textit{Die Nullstelle liegt nach 8 Iterationen bei xi} = 1.080418427$$

Animation !

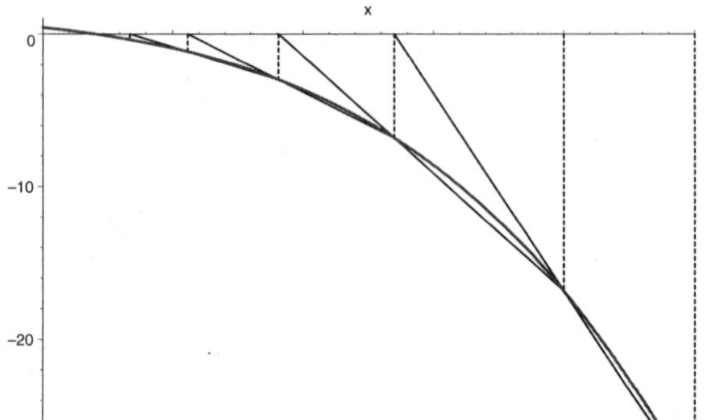

Weitere Themen auf der CD: Weitere Beispiele.

9.3 Iterationsverfahren — Von Newton zu Feigenbaum

Autor: Michael Laule

In diesem Arbeitsblatt werden zwei Näherungsverfahren – das Newtonverfahren und das sog. allgemeine Iterationsverfahren – mit entsprechenden Anwendungen vorgestellt. Beide Verfahren werden durch Bildfolgen graphisch erläutert. Das Langzeitverhalten verschiedener Iteratoren f_a läßt sich untersuchen, und ein Diagramm der Attraktoren aller Funktionen f_a - das Feigenbaumdiagramm (Mitchell J. Feigenbaum, amerikanischer Physiker) - wird für a aus einem einzugebenden Intervall gezeichnet.

Graphische Darstellung des allgemeinen Iterationsverfahrens $x_{n+1} = f(x_n)$: Eingabe einer Funktion f:

```
> f:=x->2.8*x*(1-x);
```

Eingabe des Startwertes s und der Anzahl n der Schritte:

```
> s:=0.2: n:=20:
> Iteriere2(f,s,n);
```

$$f := x \rightarrow 2.8\,x\,(1-x)$$

Animation !

Graphische Darstellung des allgemeinen Iterationsverfahrens

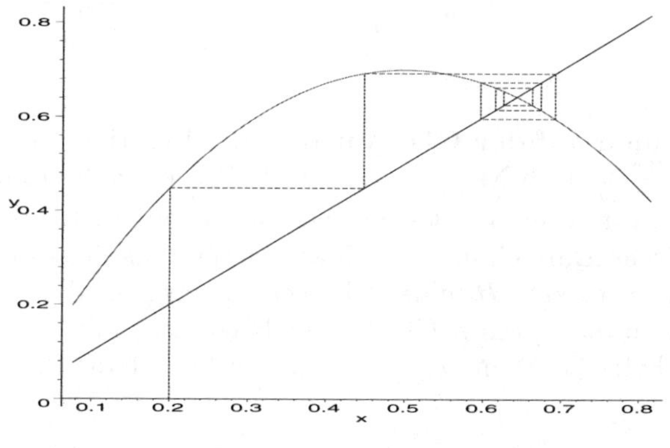

Der Pfad beginnt dabei immer im Punkt P(s| 0) der x-Achse bzw. Q(s| f(s)) der Kurve. Anschließend läuft er abwechselnd nach rechts oder links zur Winkelhalbierenden und auf- oder abwärts zur Kurve.

Feigenbaumdiagramm: Die Prozedur ***Feigenbaum*** zeichnet das Feigenbaumdiagramm (Endzustands-Diagramm) des Iterators f_a mit $x \mapsto f_a$. Nach Übergabe der Funktion f_a, des Startwertes *von*, des Endwertes *bis* und der Schrittweite *sw* werden für $a = von$, $a = von + sw, \ldots, a = bis$ jeweils 50 Iterationen $x_1, x_2, \ldots, x_{50}$ berechnet und davon die Wertepaare $(a|\, x_{35}), \ldots, (a|\, x_{50})$ in das Diagramm eingetragen.

Eingabe der Funktion f_a:

```
> f:=x->a*x*(1-x);
```

Eingabe des Intervalls und der Schrittweite:

```
> von:=2.88:bis:=3.7:sw:=0.005:
> Feigenbaum(f,von,bis,sw);
```

$$f := x \to a\,x\,(1-x)$$

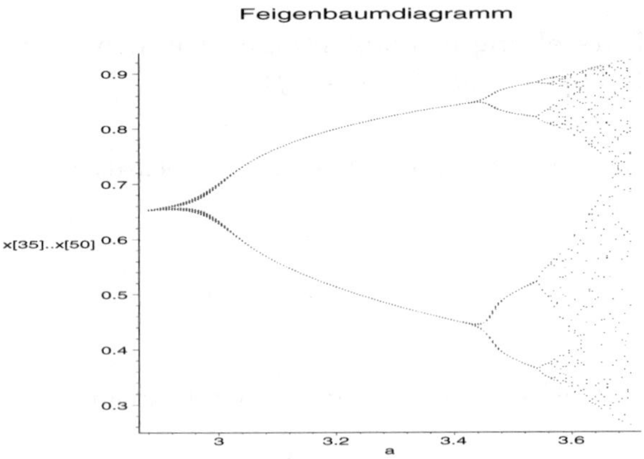

Weitere Themen auf der CD: Mit Hilfe der Iterationsvorschrift $x_{n+1} = x_n - \frac{\mathrm{f}(x_n)}{\mathrm{f}\,'(x_n)}$ nach Newton erzeugt die Prozedur ***Newton1*** numerisch eine Folge (x_n) von Näherungslösungen der Gleichung $\mathrm{f}(x) = 0$. Eine entsprechende graphische Darstellung des Newtonverfahrens liefert die Animation ***Newton2***. Die Prozedur ***Iteriere1*** berechnet ausgehend von einem Startwert s numerisch die ersten n Glieder der Folge (x_n) mit $x_{n+1} = \mathrm{f}(x_n)$. Ein Schaubild der Folge (x_n)) mit $x_{n+1} = \mathrm{f}(x_n)$ wird durch die Prozedur ***Zeitreihe***

10. Funktionen mit mehreren Variablen

10.1 Differentialrechnung für Funktionen von mehreren Variablen

Autor: Thomas Westermann

Diese Ausarbeitung stellt eine Einführung in die Visualisierung von Funktionen mit zwei Variablen und einfacher Begriffe für diese Funktionen dar. Zunächst erfolgt die graphische Darstellung von Funktionen mit zwei Variablen durch Standard-Maple-Befehle. Anschließend stellt die Prozedur ***Part*** die partiellen Ableitungen einer Funktion in zwei Variablen dreidimensional dar. Die Tangentialebene wird durch die Prozedur ***tang_ebene*** visualisiert. Mit den Maple-Befehlen ***gradplot*** bzw. ***gradplot3d*** können Gradienten einer Funktion mit zwei bzw. drei Variablen als Vektorgraphik dargestellt werden.

Graphische Darstellung von Funktionen mit zwei Variablen: Maple bietet vielfältige Möglichkeiten zur Darstellung von Funktionen mit zwei Variablen an. Der grundlegende Befehl ist ***plot3d***. Hierbei müssen nur der Funktionsausdruck sowie der Variablenbereich spezifiziert werden. Als Beispiel wird das elektrostatische Potential eines elektrischen Monopols dargestellt. Die *view*-Option schränkt dabei den dargestellten Wertebereich ein, *axes=boxed* erzwingt die Angabe der Koordinatenachsen und *title* spezifiziert den Titel. Zusätzlich zum Graphen werden durch die Option *style=patchcontour* Höhenlinien berechnet und eingezeichnet:

```
> Phi:=1/(4*Pi*epsilon)*(q/sqrt(x^2+y^2)):
  epsilon:=8.8e-12:q:=1.6e-19:
> plot3d(Phi,x=-0.001..0.001,y=-0.001..0.001,view=0..0.00001,
  axes=boxed,contours=20,style=patchcontour);
```

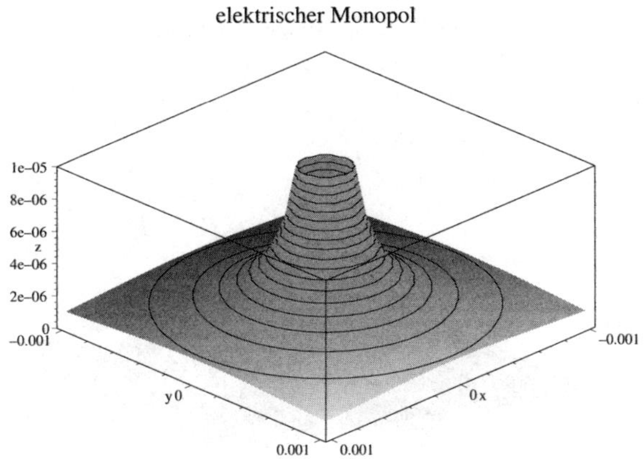

Darstellung der partiellen Ableitungen einer Funktion mit zwei Variablen: Die Prozedur ***Part*** berechnet die partiellen Ableitungen einer Funktion mit zwei Variablen nach x oder y und stellt die Funktion zusammen mit der jeweiligen Tangente in einem Schaubild graphisch dar. Erfolgt der Aufruf der Prozedur ***Part*** mit dem zweiten Argument *1*, so wird die *partielle Ableitung nach x* berechnet. Analog erfolgt der Aufruf der Prozedur für die *partielle Ableitung nach y* mit einer *2* als zweitem Argument. Das dritte Argument gibt den Punkt an, in dem die partielle Ableitung der Funktion stattfinden soll.

```
> f(x,y) := exp(-x^2-y^2): x0:=0.2: y0:=0.2:
> Part(f(x,y),1,[x0,y0]);
```

Partielle Ableitung in x-Richtung

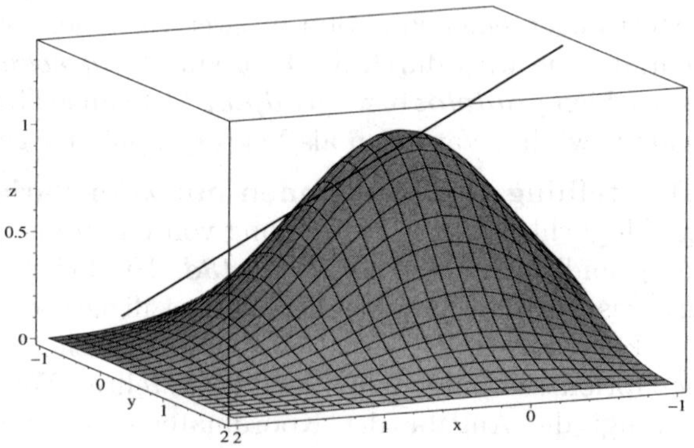

Graphische Darstellung der Tangentialebene: Die Prozedur ***tang_ebene*** berechnet die partiellen Ableitungen einer Funktion mit zwei Variablen und stellt die Funktion zusammen mit der Tangentialebene in einem Schaubild graphisch dar.

```
> x0:=0.15: y0:=0.15: tang_ebene(f(x,y), [x0, y0]);
```

Darstellung der Tangentialebene

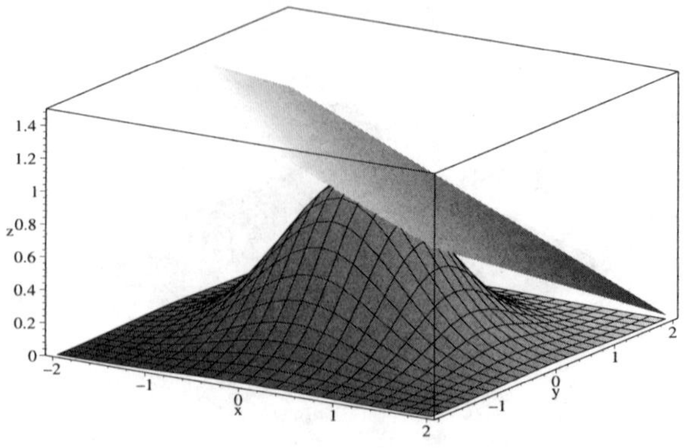

Gradient: Mit dem Befehl ***gradplot*** bzw. ***gradplot3d*** aus dem plots-Paket können Gradienten einer Funktion mit zwei bzw. drei Variablen als Vektorgraphik dargestellt werden. Gesucht ist der Gradient und das Gradientenschaubild der 2-dimensionalen Funktion f2.[1]

```
> f2:=(x^2+y^2+1)^(1/2);
```

$$f2 := \sqrt{x^2 + y^2 + 1}$$

```
> with(linalg, grad):
  grad( f2, [x,y]);
```

$$\left[\frac{x}{\sqrt{x^2+y^2+1}}, \frac{y}{\sqrt{x^2+y^2+1}}\right]$$

```
> with(plots):
  gradplot(f2, x=-2..2, y=-2..2, arrows=SLIM,
  color = x^2+2*y^2+1);
```

Weitere Themen auf der CD: Graphische Darstellung von Funktionen mit zwei Variablen.

10.2 Darstellung der Konvergenz zweidimensionaler Taylorreihen

Autor: Thomas Westermann

Die Prozedur ***taylor2d*** stellt die Konvergenz der Taylorreihe für eine Funktion mit zwei Variablen mit wachsender Ordnung graphisch dar. Die Visualisierung des Annäherungsprozesses erfolgt in Form einer dreidimensionalen Animation.

Animation zur Taylorschen Reihe: Gesucht ist die Darstellung der Taylorreihe der Funktion $e^{(-x^2-y)}$ am Entwicklungspunkt $(0|\,0)$ bis zur dritten Ordnung:

```
> f(x,y):=exp(-x^2-y);      #Funktion
  x0:=0.:                   #Entwicklungspunkt
  y0:=0.:
> with(taylor2):
  taylor2d(f(x,y), [x0, y0], 3);
```

$$f(x, y) := e^{(-x^2-y)}$$

[1] Die graphische Ausgabe wurde aus Platzgünden unterdrückt!

animierte 3D-Darstellung !

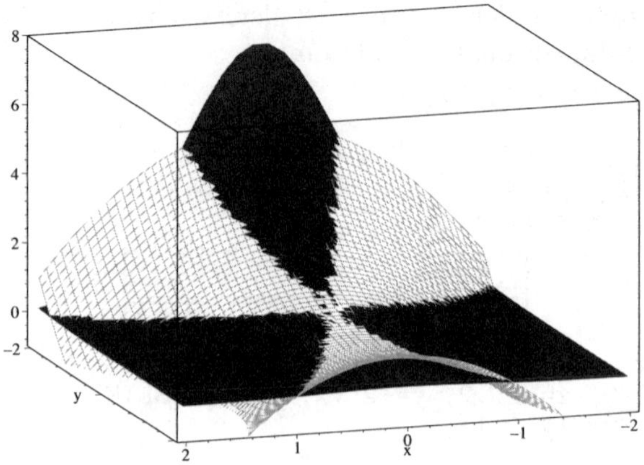

10.3 Ausgleichsrechnung

Autor: Thomas Westermann

Durch Messungen, welche die Abhängigkeit einer Größe y von einer anderen Größe x ermittelt, seien n Wertepaare $(x_1, y_1), \ldots, (x_n, y_n)$ erfasst worden. Die Aufgabe der Ausgleichsrechnung besteht darin, eine Funktion f(x) zu finden, die sich einerseits den vorliegenden Punkten möglichst gut anschmiegt und die andererseits einen möglichst glatten Verlauf besitzt. Die Prozedur ***regressionsgerade*** bestimmt zu einer Liste von Wertepaaren die Regressionsgerade und stellt diese zusammen mit den Wertepaaren graphisch dar. Die Prozedur ***ausgleich*** passt zu einer Liste von Wertepaaren und vorgegebenem Polynomausdruck die freien Parameter an und stellt diese zusammen mit den Wertepaaren graphisch dar. Dabei wird die Summe der Abstandsquadrate gebildet, die Summe partiell nach den Parametern differenziert und gleich Null gesetzt. Anschließend werden die Gleichungen nach den Parametern aufgelöst. Es erfolgt sowohl die Berechnung der Parameter als auch das Abstandsquadrat.

Berechnung der Regressionsgeraden: Die Prozedur ***regressionsgerade*** bestimmt zu einer Liste aus vorgegebenen Wertepaaren $[[x_1, y_1], \ldots, [x_n, y_n]]$ die Parameter a und b der Ausgleichsgeraden $y = ax + b$ und zeichnet sowohl die Messwerte als auch die Regressionsgerade in ein Schaubild.

```
> with(ausglch):
> werte := [[0,3],[1,5],[2,7],[3,8],[4,10],[5,10]];
> regressionsgerade(werte, view=[0..5.5,2..11]);
```

$$werte := [[0, 3], [1, 5], [2, 7], [3, 8], [4, 10], [5, 10]]$$

$$\textit{Die Regressionsgerade lautet, } \frac{51}{35}\,x + \frac{74}{21}$$

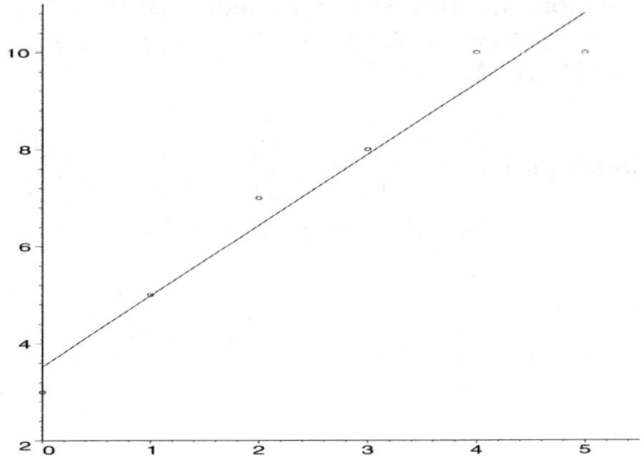

Bestimmung eines Ausgleichspolynoms: In Verallgemeinerung der Vorgehensweise bei der Berechnung der Parameter der Ausgleichsgeraden bestimmt die Prozedur ***ausgleich*** die freien Parameter einer vorgegebenen Polynomfunktion nach der Methode der kleinsten Quadrate. Das folgende Schaubild zeigt das Ergebnis für die obengenannten Werte.

```
> ausgleich(a*x^2+b*x+c, [a, b, c], werte);
```

$$\textit{Die Ausgleichsfunktion lautet } -\frac{5}{28}\,x^2 + \frac{47}{20}\,x + \frac{41}{14}$$

$$\textit{Das Abstandsquadrat ist } .4857142857$$

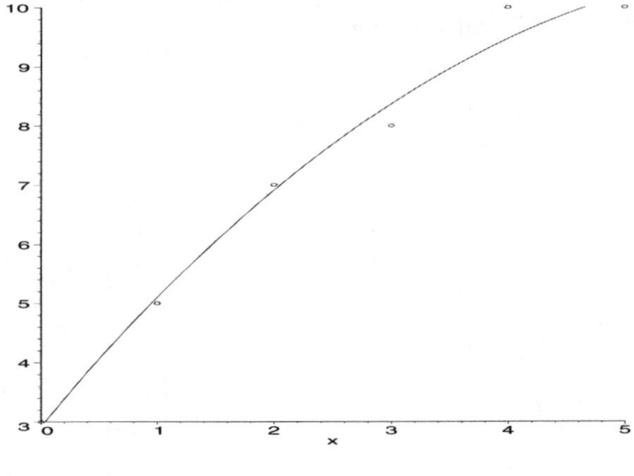

Man erkennt, dass sich die Parabel besser dem qualitativen Verlauf der Punkte anpasst als die Ausgleichsgerade.

Interpolationspolynom: Wählt man den Grad des Ausgleichspolynoms gleich $n-1$, wenn n die Anzahl der Wertepaare ist, dann erhält man das Interpolationspolynom und das Abstandsquadrat ist Null.

```
> ausgleich(a*x^5+b*x^4+c*x^3+d*x^2+e*x+f, [a, b, c, d, e, f],
  werte, view=[0..5,2..12]);
```

Die Ausgleichsfunktion lautet $-\frac{1}{15}x^5+\frac{19}{24}x^4-\frac{13}{4}x^3+\frac{125}{24}x^2-\frac{41}{60}x+3$

Das Abstandsquadrat ist 0

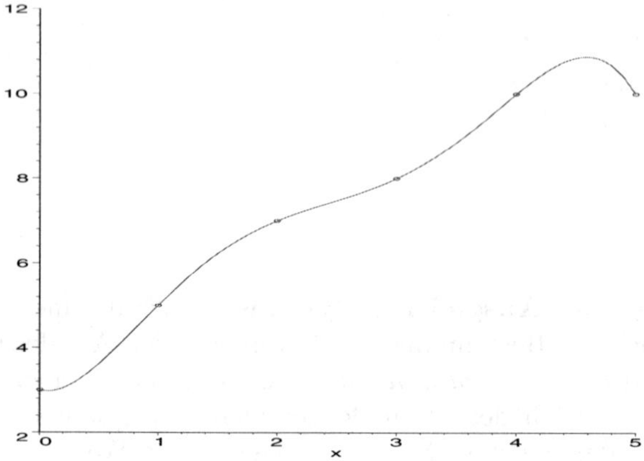

Quelle: Die Prozeduren dieser Ausarbeitung wurden aus Kapitel X (Differentialrechnung für Funktionen von mehreren Variablen) des Lehrbuchs T. Westermann, „Mathematik für Ingenieure mit Maple (Band 2)“, Springer-Verlag Heidelberg 1997, entnommen.

11. Vektoranalysis

11.1 Gradient

Autoren: Volker Ceh, Armin Jerger

Diese Ausarbeitung visualisiert den Begriff des Gradienten einer Funktion. Nach einer Begriffserläuterung, in der auch die Berechnung des Gradienten mit Maple beschrieben wird, folgt zunächst die Darstellung einer Funktion von zwei Variablen als dreidimensionales Schaubild, das in einer Animation zu einer Höhenliniendarstellung übergeht. Anschließend erfolgt die Darstellung des Gradienten zusammen mit den Höhenlinien der Funktion. Zum Abschluss vertiefen Beispiele aus der Physik den Begriff des Gradienten.

Gradient einer Funktion von zwei Variablen: Der Maple-Befehl aus dem Paket ***linalg*** zur Berechnung des Gradienten lautet ***grad:***

```
> with(linalg, grad):
> Gradient:=grad(f(x,y,z),[x,y,z]);
```

$$Gradient := \left[\frac{\partial}{\partial x}\,\mathrm{f}(x,\,y,\,z),\ \frac{\partial}{\partial y}\,\mathrm{f}(x,\,y,\,z),\ \frac{\partial}{\partial z}\,\mathrm{f}(x,\,y,\,z)\right]$$

Um den Gradienten der Funktion zu erhalten, muss die Funktion f(x,y) partiell nach x und y abgeleitet werden. Das Ergebnis ist eine vektorielle Funktion. Der resultierende Vektor zeigt für jeden beliebigen Punkt jeweils in die Richtung der größten Funktionszunahme (und steht damit senkrecht auf den Niveauflächen der Funktion).

Da der Gradient ein Vektorfeld ist, besitzt er in jedem Punkt des Raumes einen Betrag und eine Richtung. Dies kann mit Hilfe von Pfeilen dargestellt werden, wobei die Pfeillänge dem Betrag entspricht. Der Befehl ***gradplot*** ermöglicht es, beliebige 2-dimensionale Funktionen mit Hilfe von Pfeilen als Vektorfeld darzustellen. Mit der Option *arrows* kann die Form bzw. Dicke der Pfeile verändert werden.

```
> with(plots):
> f := 4/(1+x^2+y^2):
> p1:=gradplot(f,x=-2..2,y=-2..2, arrows=THICK, grid=[10,10],
  color=red):
  p2:=contourplot(f, x=-3..3, y=-3..3, grid=[30,30],
  contours=10, color=black):
  ttl:=`Hoehenlinien u. Gradient der Funktion f`:
  display([p1,p2],scaling=constrained, title=ttl);
```

Hoehenlinien u. Gradient der Funktion f

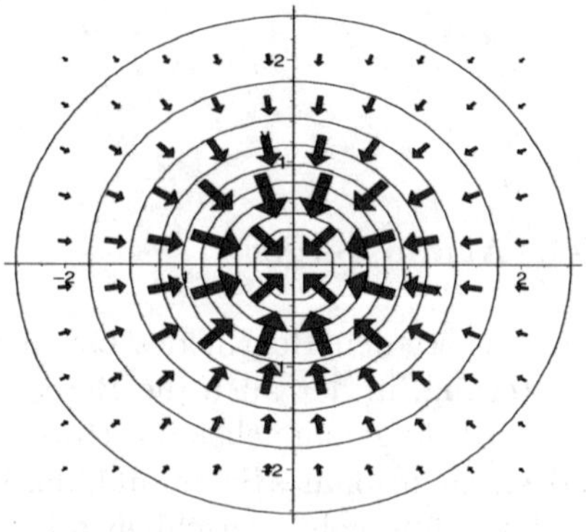

An diesem Plot erkennt man, dass die Vektorpfeile senkrecht zu den Höhenlinien stehen. Die Größe der Pfeile und damit der Betrag des Gradienten ist ein Maß für die Änderung des Funktionswertes senkrecht zu den Höhenlinien. Sind die Höhenlinien eng beieinander bzw. ist die Steigung der Funktion an diesem Ort groß, so ist der Betrag des Gradienten ebenfalls groß und die Vektorpfeile werden dicker dargestellt.

Gradient einer Funktion von drei Variablen: Im folgenden Plot wird der Gradient einer Funktion mit 3 Variablen als Pfeile dreidimensional im Raum durch den Maple-Befehl ***gradplot3d*** dargestellt.

```
> with(plots):
> f2:=-1/(1+x^2+y^2+z^2);
> gradplot3d(f2,x=-2..2,y=-2..2,z=-1..1,axes=boxed,
  orientation=[20,62], color=red, grid=[5,5,5], arrows=THICK);
```

3D-Darstellung !

$$f2 := -\frac{1}{1+x^2+y^2+z^2}$$

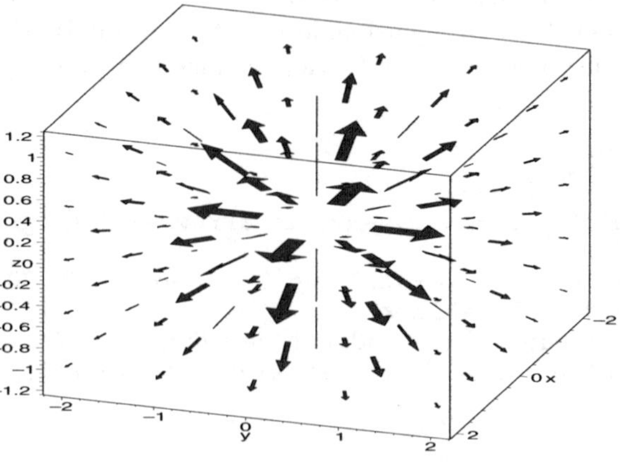

Weitere Themen auf der CD: Begriffserläuterung und Berechnung des Gradienten; Darstellung einer Funktion von zwei Variablen; Beispiele aus der Physik (Potential und elektrisches Feld einer Punktladung, Potential und elektrisches Feld eines Quadrupols, Potential und elektrisches Feld eines Wassermoleküls).

11.2 Divergenz

Autoren: Volker Ceh, Armin Jerger

Diese Ausarbeitung visualisiert den Begriff der Divergenz eines Vektorfeldes. Nach einer Begriffserläuterung wird die Berechnung der Divergenz mit Maple beschrieben. Die Darstellung der Divergenz einer Funktion von zwei Variablen erfolgt durch den ***plot3d***-Befehl. Ein Beispiel aus der Physik soll den Begriff und die Bedeutung der Begriffs hervorheben.

Allgemeine Rechenvorschrift für die Divergenz: Die Maple-Anweisung ***diverge*** berechnet die Divergenz einer vektoriellen Funktion. Das Ergebnis ist eine skalare Funktion. v_f soll hierbei eine vektorielle Funktion sein, die aus den Komponenten f_x, f_y und f_z besteht. Die Variablen der Funktion sind x, y, z.

```
> vf:=[fx(x,y,z),fy(x,y,z),fz(x,y,z)];
```

$$vf := [\mathrm{fx}(x, y, z), \mathrm{fy}(x, y, z), \mathrm{fz}(x, y, z)]$$

Der ***diverge***-Befehl besitzt im Normalfall zwei Parameter: der erste gibt die zu berechnende Vektorfunktion, der zweite die abhängigen Variablen (innerhalb einer eckigen Klammer und durch Kommas getrennt) der Funktion an. Die Anzahl der Variablen gibt die Dimension der Vektorfunktion an.

```
> Divergenz:=linalg[diverge](vf,[x,y,z]);
```

$$Divergenz := (\tfrac{\partial}{\partial x}\,\mathrm{fx}(x, y, z)) + (\tfrac{\partial}{\partial y}\,\mathrm{fy}(x, y, z)) + (\tfrac{\partial}{\partial z}\,\mathrm{fz}(x, y, z))$$

In der folgenden Zeile kann eine beliebige Vektorfunktion von zwei Variablen eingegeben werden. Diese wird dann zuerst durch den ***fieldplot3d***-Befehl graphisch dargestellt. Anschließend berechnet man mit dem ***diverge***-Befehl die Divergenz des Vektorfeldes und stellt diese skalare Funktion mit dem ***plot3d***-Befehl graphisch dar.

Definition des Vektorfeldes als Funktion von zwei Variablen:

```
> vf:= 1/(x^2+y^2+1) * [ x^2, y, 0];
```

$$vf := \frac{[x^2, y, 0]}{x^2 + y^2 + 1}$$

Darstellung des Vektorfeldes in der (x,y)-Ebene:

```
> with(plots):
```

```
> fieldplot([evalm(vf)[1],evalm(vf)[2]],x=-10..10,y=-10..10,
  axes=boxed, color=red, grid=[8,8], arrows=THICK);
```

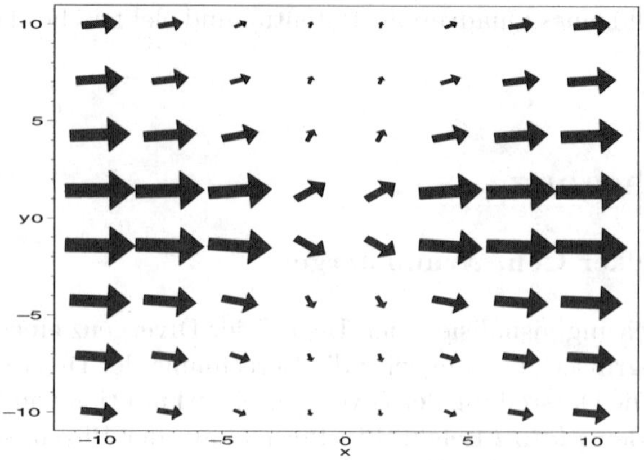

Berechnung der Divergenz:

```
> Divergenz:=simplify(diverge(evalm(vf), [x,y,z]));
```

$$Divergenz := \frac{2\,x\,y^2 + 2\,x - y^2 + x^2 + 1}{(x^2 + y^2 + 1)^2}$$

Graphische Darstellung der Divergenz:

```
> plot3d(Divergenz,x=-10..10,y=-10..10, style=patchnogrid,
  orientation=[45,-120],axes=framed,
  shading=zgreyscale,title='Divergenz eines Vektorfeldes');
```

3D-Darstellung !

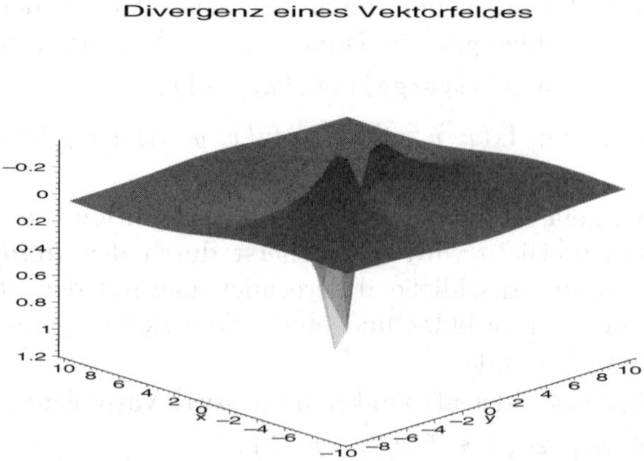

Weitere Themen auf der CD: Begriffserläuterung und Berechnung der Divergenz; Beispiele aus der Physik (Feld und Raumladungsdichte einer Glühkathode, Feld und Raumladungsdichte einer Punktladung, Raumladungsdichte einer Kugel mit homogener Ladungsverteilung).

11.3 Rotation

Autoren: Volker Ceh, Armin Jerger, Thomas Westermann

Diese Ausarbeitung visualisiert den Begriff der Rotation. Dazu wird von einem zweidimensionalen Geschwindigkeitsfeld ausgegangen. Bevorzugterweise stelle man sich eine Strömung in der (x,y)-Ebene vor. In diese Strömung werden Kugeln mit der gleichen Dichte wie die der Flüssigkeit eingetaucht. Die Drehung der Kugeln an unterschiedlichen Stellen entspricht der Rotation des Geschwindigkeitsfeldes.

Allgemeine Rechenvorschrift für die Rotation: Die Rotation wird in Maple mit dem Kommando ***curl*** aus dem Paket ***linalg*** berechnet. Die Rotation gibt als vektorielle Funktion Stärke und Richtung der im vektoriellen Feld auftretenden Wirbel an. Ein Vektor lässt sich mit dem gleichnamigen Befehl ***vector*** erzeugen. F sei hierbei ein dreidimensionaler Vektor:

```
> F:=vector([fx(x,y,z),fy(x,y,z),fz(x,y,z)]);
```

$$F := [\mathrm{fx}(x, y, z), \mathrm{fy}(x, y, z), \mathrm{fz}(x, y, z)]$$

Als Ergebnis der Rotation erhält man ebenfalls eine vektorielle Funktion:

```
> Rot:=curl(F,[x,y,z]):
> Rot=matrix(3,1,%);
```

$$Rot = \begin{bmatrix} (\frac{\partial}{\partial y}\mathrm{fz}(x, y, z)) - (\frac{\partial}{\partial z}\mathrm{fy}(x, y, z)) \\ (\frac{\partial}{\partial z}\mathrm{fx}(x, y, z)) - (\frac{\partial}{\partial x}\mathrm{fz}(x, y, z)) \\ (\frac{\partial}{\partial x}\mathrm{fy}(x, y, z)) - (\frac{\partial}{\partial y}\mathrm{fx}(x, y, z)) \end{bmatrix}$$

Darstellung der Rotation einer Funktion mit zwei Variablen: Ein anschauliches Beispiel für die Kennzeichnung eines Vektorfeldes v durch seine Rotation liefert eine Wasserströmung. Die Wasserströmung sei in unserem Beispiel gegeben durch ein Geschwindigkeitsfeld v(x,y), wobei die Geschwindigkeit der Flüssigkeit in x-Richtung vom y-Wert abhängt. Dabei stellt die Prozedur ***Rotation*** das Vektorfeld einer zweidimensionalen Vektorfunktion graphisch dar. (Falls der Parameter *frames* gleich Null gesetzt wird, erfolgt nur die Darstellung der Strömungsgeschwindigkeit.) Um die Rotation (=Drehgeschwindigkeit) zu visualisieren, setzen wir zwei Kugeln mit unterschiedlichen y-Positionen (Kugel1: y=3cm bzw. Kugel2: y=7cm) in die Strömung. Die Dichte der Kugeln sei genau so groß wie die Dichte des Wassers, so dass die Kugeln in der Strömung schweben. Gibt es Wirbel in der Strömung dann beginnen sich die Kugeln zu drehen. Die Rotationsachse gibt die Richtung von rot(v) an. Die Wirbelgeschwindigkeit in Bezug auf die Drehachse ist proportional zum Betrag von rot(v).

```
> v := [y, 0]:
> with(rotation):
  Rotation(v, x=0.1..10,y=0.1..10, [3,3], [7,7], frames=10);
```

Animation !

"Die Rotation des Vektorfeldes v lautet: ", [0, 0, −1.0]

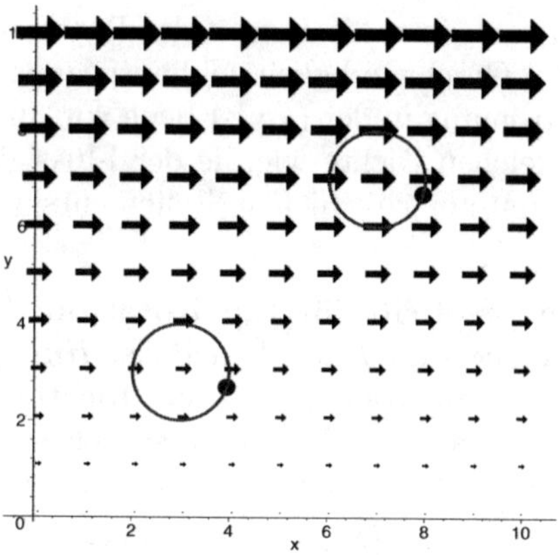

Aus dem Diagramm wird ersichtlich:

- v ist ein Strömungsfeld, das in x-Richtung zeigt.
- Die Stärke des Feldes und damit die Größe der Vektorpfeile ist in x-Richtung konstant und nimmt in y-Richtung linear zu.
- Da die Geschwindigkeit der Flüssigkeit an der Oberkante der Kugeln größer ist als an der Unterkante, drehen sich die Kugel im Uhrzeigersinn.

Die lokale Geschwindigkeit der Flüssigkeit ist nur von der y-Position abhängig und beträgt an der Oberkante von Kugel1 4m/s und an der Unterkante 2m/s, an der Oberkante von Kugel2 8m/s und an der Unterkante 6m/s. Die Differenz zwischen der Geschwindigkeit an Oberkante und Unterkante ist daher für beide Kugeln gleich (2m/s). Beide Kugeln drehen sich also mit der gleichen Geschwindigkeit (bedingt durch das lineare Anwachsen der Strömungsgeschwindigkeit in y-Richtung). Führt man diese Betrachtung nun für weitere y-Positionen durch, so erhält man das gleiche Ergebnis. Die Kugeln drehen sich also unabhängig von ihrer y-Position gleich schnell.

Info: Die Arbeiten zum Kapitel Vektoranalysis wurden teilweise aus dem Förderprogramm „Leistungsanreize in der Lehre (LARS)“ des Ministeriums für Wissenschaft und Forschung, Baden-Württemberg, 1997/98 gefördert.

Weitere Themen auf der CD: Begriffserläuterung und Berechnung der Rotation; Hagen-Poiseuillesches Gesetz; Weitere Beispiele.

12. Wachstums- und Zerfallsprozesse

12.1 Simulation dynamischer Systeme

Autor: Georg Wilke

Versucht man reale Wachstums- oder Zerfallsprozesse mathematisch zu beschreiben, so liegt die Einführung einer Größe nahe, die ein Maß für den betrachteten, wachsenden oder zerfallenden Gegenstand ist. Diese Größe nennt man *Bestandsgröße* B. Je nach Zusammenhang kann dies z.B. die Anzahl von Kaninchen in einem gewissen Areal, der Durchmesser einer Fichte, die Temperatur einer Teetasse o.ä. sein. Ein funktionaler Zusammenhang liegt auf der Hand. Die Funktion, die die Bestandsgröße zu einem bestimmten Zeitpunkt t angibt, nennt man *Wachstums- oder Zerfallsfunktion.* Ein realer Wachstumsvorgang lässt sich also durch die eindeutige Zuordnung $t \mapsto B(t)$ beschreiben.

Dies ist aber im allgemeinen für nicht-periodische Prozesse nur für die Vergangenheit und Gegenwart sowie ausschließlich für diskrete Zeiten möglich (man denke an Messzeiten und Messdauer). Das Hauptziel der Untersuchungen eines Wachstumsprozesses ist es jedoch, Aussagen über die zukünftige Entwicklung machen zu können. Da das Datenmaterial nur in der Gegenwart gesammelt werden kann, d.h. nur Datenpaare der Form $[t_0, B(t_0)]$ vorliegen, wobei t_0 einen Zeitpunkt zwischen „jetzt und früher“ bezeichnet, bedarf es einer Modellierung des System; es bedarf der Angabe einer *Änderungsrate* R, die angibt, wie groß die *Änderungsgröße* ΔB (d.h. der Zuwachs oder die Abnahme) der Bestandsgröße pro *Zeitintervall* Δt ist. Es besteht folgender Zusammenhang:[1]

$$\Delta B = R(t)\,\Delta t$$
$$B(t + \Delta t) = B(t) + R(t)\,\Delta t$$

Es zeigt sich, dass die meisten Wachstums- und Zerfallsprozesse auf vier Grundmodelle zurückgeführt werden können. Es handelt sich dabei um das *lineare*, das *exponentielle* (oder *natürliche*), das *(exponentiell) beschränkte* und das *logistische Wachstum.* Obige Gleichungen gelten für alle vier Wachstumsformen. Die Unterschiede müssen daher auf das unterschiedliche Verhalten ihrer Änderungsrate zurückzuführen sein.

[1] In diesem Abschnitt wird auf eine kontinuierliche Beschreibung der Systeme, die auf eine Behandlung von Differentialgleichungen führt, verzichtet. Vielmehr wird die Modellierung hier durch die Angabe fester Zeitschritte Δt vorgenommen.

Lineares Wachstum:

Ein quaderförmiger Behälter mit 1 Quadratmeter Grundfläche und 5m Höhe wird mit Wasser befüllt. Neben dem Tank befindet sich folgende Notiz:

$$\begin{bmatrix} \mathit{Uhrzeit} & 14 & 15 & 16 \\ \mathit{abgelesene\_Fuellhoehe} & 2.4 & 3.6 & 4.8 \end{bmatrix}$$

Die Identifikation der Bestandgröße mit der Füllhöhe bereitet keine Schwierigkeiten. Als erstes kann man die realen Daten in ein Schaubild eintragen:[2]

```
> Daten:=[[14,2.4],[15,3.6],[16,4.8]]:
> Punkte:=plot(Daten,11..17,0..5,style=POINT,symbol=CROSS):
  display(Punkte);
```

Die Frage nach dem Beginn der Befüllung kann die Suche nach einem Modell motivieren, das den realen Ablauf näherungsweise beschreibt. Folgende Modellannahmen sind dann Voraussetzung: der Wasserzufluss ist konstant, der Behälter war zu Beginn leer, der Behälter ist wirklich ein Quader, die angegebenen Maße stimmen, es findet keine Verdunstung oder Versickern statt, die Zeitmessung war genau, das Ablesen der Füllhöhe war genau, die Temperatur des Wasser bleibt konstant, usw. Unter diesen Voraussetzungen und mit Blick auf das Schaubild erscheint eine affine (lineare) Funktion als Modellfunktion eine sinnvolle Wahl. Die konstante Änderungsrate ergibt sich aus den Daten zu 1,2 m pro Stunde. Für die Wachstumsfunktion B gilt dann:

```
> B:= t -> 1.2*t - 14.4;
```

$$B := t \to 1.2\,t - 14.4$$

Der Zeitpunkt der Befüllung und das Ende ergeben sich demnach aus $B(t_0) = 0$ und $B(t_e) = 5$ zu $t_0 = 12$ und $t_e = 50/3$. Die Zeitpunkte t_0 und t_e geben gleichzeitig die Grenzen des Intervalls an, in dem die Funktion B definiert ist. Die Prozedur ***linwachs*** stellt die Wachstumsfunktion graphisch dar:

```
> linwachs(0,1.2,1,12..50/3,nein,view=[11.5..17,0..5.5]);
```

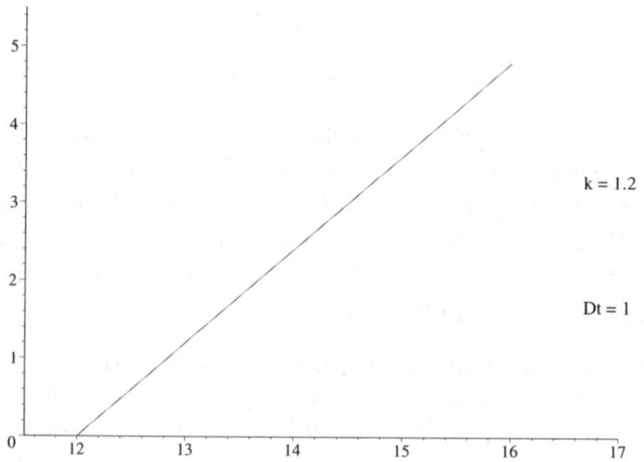

[2] Auf die graphische Ausgabe wurde im Buch aus Platzgründen verzichtet!

Logistisches Wachstum: Einen Wachstumsprozess, bei dem die Änderungsgröße sowohl proportional zu dem Quotienten aus vorhandenen Bestand $B(t)$ und Grenze G, als auch proportional zum Sättigungsmanko $G - B(t)$ ist, nennt man *logistisch*, das Wachstum *logistisches Wachstum.*
$\mathrm{R}(t) = \frac{k\,\mathrm{B}(t)\,(G-\mathrm{B}(t))}{G}$

Beispiel 1:
In einer Stadt gibt es 40 000 Haushalte, von denen schätzungsweise jeder fünfte für den Kauf einer ISDN-Anlage in Frage kommt. Es ist damit zu rechnen, dass der Absatz des Produktes mit der Zeit schwieriger wird, da die Zahl der möglichen Käufer abnimmt. Zu Beginn der Verkaufsphase werden 8 ISDN-Anlagen verkauft, nach einem Monat sind es 12 . Kann der Hersteller davon ausgehen, dass innerhalb des ersten Jahres wenigstens 2000 Stück verkauft werden?

Die obige Aufgabe führt auf die folgende Differentialgleichung, die von der Prozedur ***logistwachs*** graphisch dargestellt wird. Das Schaubild zeigt, dass die Annahme des Händlers zu optimistisch war.

```
> B0:=8: G:=8000: B1:=12:
  Dt:=1:                    # ein Zeitschritt entspricht 1 Monat
  k:=fsolve(B1=B0+k*B0*(G-B0)*Dt/G,k);
```

$$k := .5005005005$$

```
> logistwachs(B0,k,1,G,0..30,nein);
```

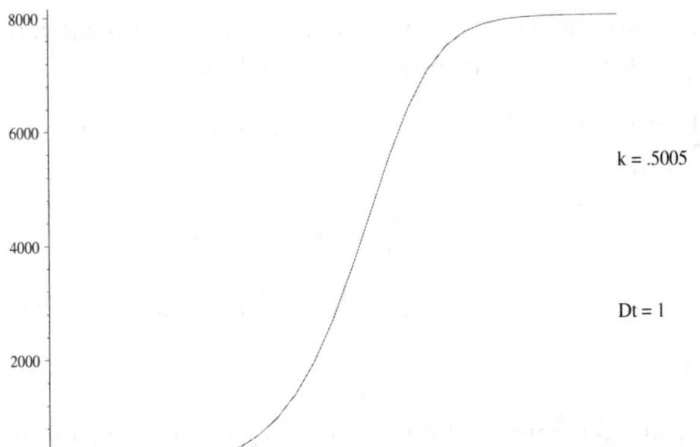

Weitere Themen auf der CD: Exponentielles Wachstum; Exponentiell beschränktes Wachstum; weitere Beispiele; durch die Prozedur ***DT_ani*** kann in einer Animation die Größe der Zeitschritte für die jeweiligen Wachstumsformen variiert werden; die Prozedur ***k_ani*** bietet die Möglichkeit den Wachstumsfaktor zu verändern, so dass dessen Bedeutung für die einzelnen Wachstumsformen in einer Animation demonstriert werden kann.

13. Differentialgleichungen

13.1 Numerische Integrationsverfahren gewöhnlicher Differentialgleichungen

Autor: Georg Wilke

Da oft die explizite Lösung einer Differentialgleichung nicht möglich ist, bleibt man darauf angewiesen, numerische Näherungen zu berechnen. Im folgenden werden daher vier klassische Verfahren vorgestellt, die alle auf *explizite Differentialgleichungen erster Ordnung* $\frac{\partial}{\partial x}\, y(x) = \mathrm{f}(x,\, y)$ anwendbar sind.

Alle vier Verfahren schätzen – mehr oder weniger – die Ableitung durch den Differenzenquotienten ab. Es gilt dann näherungsweise:

$$\frac{\partial}{\partial x}\, \mathrm{y}(x_i) = \frac{\mathrm{y}(x_i+s)-\mathrm{y}(x_i)}{s} + \mathcal{O}(s)$$

Dabei ist der Fehler derAbschätzung in erster Näherung eine infinitesimale Größe der Ordnung s, d.h. proportional zur Schrittweite s. Beim Verfahren nach *Heun* und beim *modifizierten Euler-Verfahren* liegt der Fehler bei zweiter Ordnung $\mathcal{O}(s^2)$, beim Runge-Kutta-Verfahren schließlich bei vierter Ordnung.

Zu Beginn des Worksheets werden zunächst die vier Verfahren erläutert und schließlich im letzten Teil miteinander verglichen.

Euler-Verfahren: Beim Euler-Verfahren handelt es sich um eine Abschätzung erster Ordnung.

$$\frac{\partial}{\partial x}\, \mathrm{y}(x) = \mathrm{f}(x,\, y)$$

$$\frac{\mathrm{y}(x_0+s)-\mathrm{y}(x_0)}{s} = \mathrm{f}(x_0,\, \mathrm{y}(x_0)) + \mathcal{O}(s)$$

wird zu

$$\mathrm{y}(x_0+s) = \mathrm{y}(x_0) + \mathrm{f}(x_0,\, \mathrm{y}(x_0)) \cdot s$$

Ausgehend von der Anfangsbedingung x_0, $\mathrm{y}(x_0)$ wird der nächste Funktionswert $\mathrm{y}(x_0+s)$ mit Hilfe der Steigung an der Stelle x_0 berechnet.

Die Prozedur ***Euler_graf*** stellt das Euler-Verfahren schrittweise geometrisch dar. Dazu zeichnet sie ein Geradenstück mit der Steigung an der Stelle x_0. Der nächste Funktionswert ergibt sich aus dem Schnittpunkt dieser Geraden und der Senkrechten $x = x_0 + s$.

```
> DGL2:=D(n)(t)=2*(n(t)/1200)*(1200-n(t)):
> Euler_graf(DGL2, n(1)=10, n(t), 15, 0..15);
```

Die Lösungsfunktion von Maple lautet $t \to 1200 \dfrac{1}{1 + 119 \dfrac{e^{(-2\,t)}}{e^{(-2)}}}$

Animation !

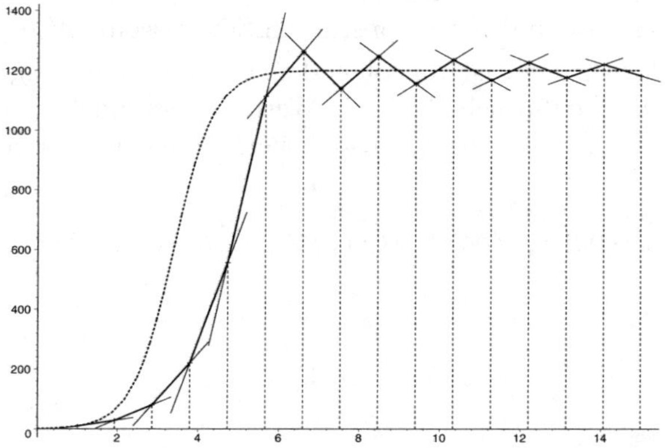

Die durchgezogene Kurve ist hier die von Maple berechnete explizite Lösung (wenn eine solche existiert; sonst eine numerische Näherung höheren Grades!).

Auf der CD zeigen einige Beispiele weitere Anwendungsmöglichkeiten auf. Die Prozedur ***Euler_verf*** entspricht dabei ***Euler_graf***, verzichtet aber auf die geometrische Konstruktion. Die Prozedur ***Euler_ani*** demonstriert in einer Animation die Bedeutung der Schrittweite s. Dabei verringert sich s, wenn die Schrittanzahl n den angegebenen Wertebereich durchläuft.

Vergleich der numerischen Verfahren: Die Prozedur ***Vergleich*** vergleicht die vier vorgestellten Verfahren, indem sie die genäherten Lösungskurven zusammen mit der „expliziten" Lösung in einem Schaubild in verschiedenen Farben darstellt.

```
> Vergleich(DGL2,n(0)=1,n(t),15,0..15);
```

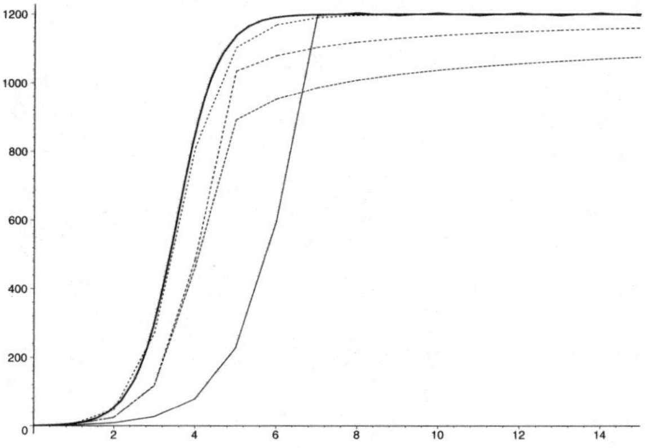

Grenzen numerischer Verfahren: Nicht immer sind die numerischen Methoden ausreichend exakt. Selbst bei vielen Schritten ist die Näherung oft nur für x-Werte nahe der Anfangsbedingung zu gebrauchen. Die Abweichung hin zu größeren x-Werten ist signifikant. Dies liegt daran, dass der globale Fehler bei jedem Schritt mit einem Faktor multipliziert wird, der zum einen von der Schrittweite s und zum anderen aber über $\frac{\partial}{\partial y}\,\mathrm{f}(x,\,y)$ von x abhängt. Dies gilt für alle Verfahren, die mit einer konstanten Schrittweite arbeiten.

Selbst bei 1000 Schritten ist im folgenden Fall die Näherung mit Hilfe des *Euler-Verfahrens* nur für sehr kleine x-Werte zu gebrauchen. Hier zeigt sich die Leistungsfähigkeit des *Runga-Kutta-Verfahrens*. Dort reichen schon 50 Schritte aus.

```
> DGL7:=D(y)(x)=y(x)-3*exp(-2*x):
  Runge_Kutta(DGL7,y(0)=1,y(x),100,0..6,-0.5..1);
```

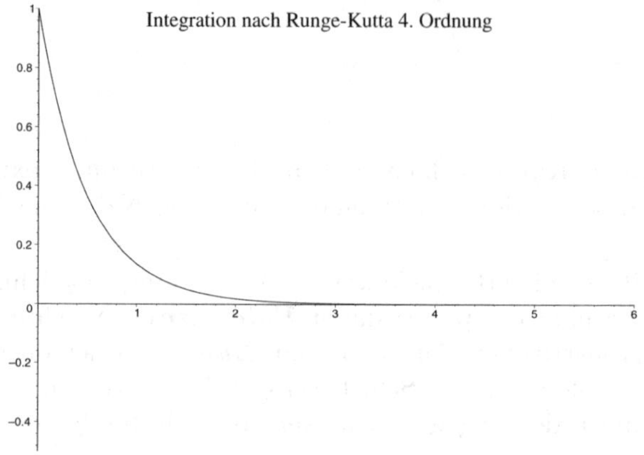

Bei allen numerischen Integrations-Verfahren ist Vorsicht geboten, was die Glaubwürdigkeit der genäherten Lösung betrifft. Eine zunächst stabile Lösung kann plötzlich instabil werden. Sehr deutlich wird dies im folgenden Beispiel.

```
> Euler_verf(D(y)(x)=-Pi*x*y(x),y(0)=1,y(x),120,0..16,-2..2);
```

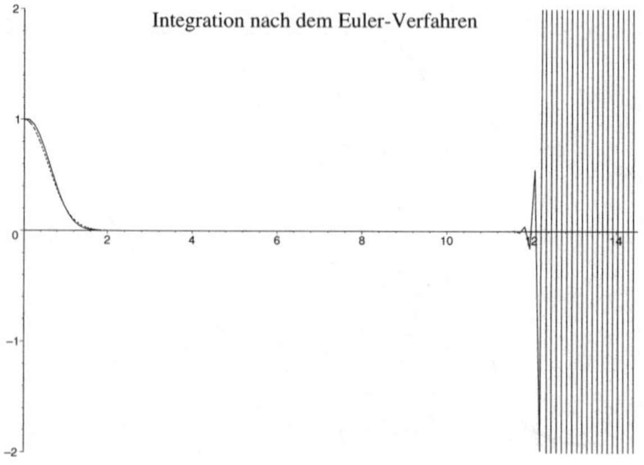

Weitere Themen auf der CD: Animation zur Bedeutung der Schrittweite s; Modifiziertes Euler-Verfahren; Verfahren nach Heun; Runge-Kutta-4.Ordnung; Stabilität von Differentialgleichungen.

13.2 Richtungsfeld einer gewöhnlichen Differentialgleichung 1. Ordnung

Autor: Georg Wilke

Bei expliziten, gewöhnlichen Differentialgleichungen erster Ordnung $\frac{\partial}{\partial x}\,\mathrm{y}(x) = \mathrm{f}(x,\,\mathrm{y}(x))$ kann man die rechte Seite der Gleichung geometrisch als Tangentensteigung im Punkt $[x,\,\mathrm{y}(x)]$ auffassen. Man kann dann dem Wertepaar x, $\mathrm{y}(x)$ den Wert $\mathrm{f}(x,\,\mathrm{y}(x))$ zuordnen und diese Zuordnung in einem Schaubild darstellen. Man visualisiert dazu die Steigung durch kurze Linienelemente im zugehörigen Punkt. Die Kurve einer Lösungsfunktion muss nun auf dieses *Richtungsfeld* „passen“.

Lösung einer Differentialgleichung bei verschiedenen Anfangsbedingungen:

> *Beispiel: Tropfinfusion*
> *Einem Patienten soll über eine Tropfinfusion ein bis dahin im Körper nicht vorhandenes Medikament verabreicht werden. Dabei gelangt pro Minute eine gleichbleibende Menge von x mg ins Blut. Über die Niere wird ein Teil des Medikaments wieder ausgeschieden. Die Ausscheidungsrate A beträgt 5% der jeweils im Blut gerade vorhandenen Menge $u(t)$. Also ist $A = -5/100 * u(t)$. Die in der Zeit Dt zugeführte Menge beträgt $x * Dt$. Die langfristig im Blut enthaltene Menge soll 100mg nicht übersteigen. Wie groß muss x gewählt werden?*

Die obige Aufgabe führt auf die folgende Differentialgleichung:

```
> DGL:=D(y)(t)=5-1/20*y(t);
```

$$DGL := \mathrm{D}(y)(t) = 5 - \frac{1}{20}\,\mathrm{y}(t)$$

Mit ***dsolve*** lässt sich diese Differentialgleichung allgemein lösen.[1]

```
> lsg:= dsolve(DGL,y(t)):
  y:= unapply(rhs(lsg),t);
```

$$y := t \to 100 + e^{(-1/20\,t)}\,\_C1$$

Mit der Prozedur ***afb_seq*** können die Kurven für verschiedene Anfangsbedingungen in ein Schaubild gezeichnet werden.

[1] Man muss an dieser Stelle Maple mitteilen, dass die Lösung eine Funktion von t ist. Dies erreicht man durch ***unapply***.

```
> liste:=[[0,0], [20,0],[40,0], [60,0], [0,100], [0,120],
  [20,120],[40,120],[60,120]]:
> afb_seq(DGL,y(t),liste,0..120,view=[0..120,0..140]);
```

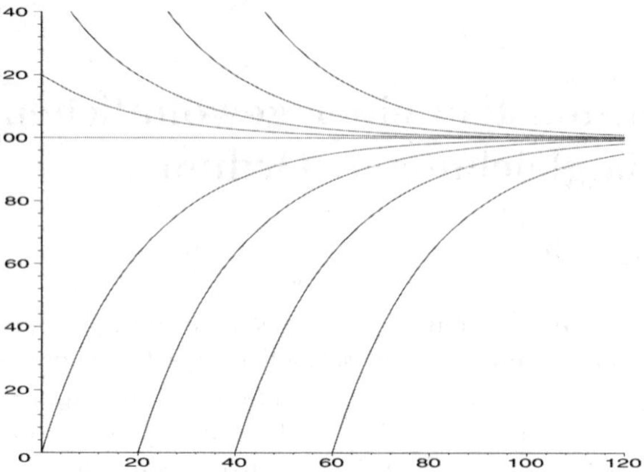

Die oberen Kurven verwundern zunächst etwas. Obwohl der Patient zu Beginn der Infusion schon eine „Überdosis" im Blut hatte, kann man die Zufuhr trotzdem bei 5 mg pro Minute belassen. Langfristig wird wieder der Sättigungswert erreicht.

Richtungsfelder: Bei dem vorhergehenden Beispiel ist deutlich geworden, dass man sich einen Überblick über mögliche Lösungen einer gewöhnlichen Differentialgleichung verschaffen kann, wenn man die Kurven zu verschiedenen Anfangsbedingungen in ein Schaubild zeichnet.

Die Prozedur ***richtfeld*** ordnet jedem Wertepaar die Steigung an dieser Stelle zu und stellt das Richtungsfeld graphisch dar.[2]

```
> liste:=[seq(seq([j*10,i*10],j=1..9),i=1..12)]:
  richtfeld(DGL,y(x),liste,0..100,0..130);
```

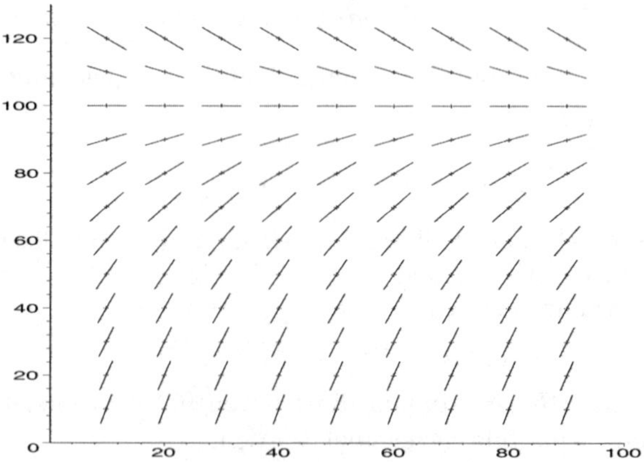

[2] Mit ***dfieldplot*** aus dem Paket ***DEtools*** stellt Maple ebenfalls einen Befehl zur Verfügung, um ein solches Richtungsfeld zu erzeugen.

Richtungsfelder mit Lösungskurven: Dass die Lösungskurven auf das Richtungsfeld wirklich „passen“, soll im folgenden demonstriert werden.

```
> DGL2:=D(n)(t)=2*(n(t)/1200)*(1200-n(t));
```

$$DGL2 := \mathrm{D}(n)(t) = \frac{1}{600}\,\mathrm{n}(t)\,(1200 - \mathrm{n}(t))$$

Zunächst werden das Richtungsfeld und die Lösungskurven für zwei bestimmte Anfangsbedingungen berechnet.[3]

```
> liste:=[seq(seq([j*0.5,i*200],j=-4..8),i=-3..10)]:
> feld:=richtfeld(DGL2,n(t),liste,-2..4,-600..2000):
> lsg_kurven:=afb_seq(DGL2,n(t),[[0,50],[0,-10]],-2..4,
  color=[green,red],thickness=3,discont=true):
```

Jetzt können beide Bilder in einem Koordinatensystem dargestellt werden:

```
> display([feld,lsg_kurven],view=[-2.5..4.5,-600..2000]);
```

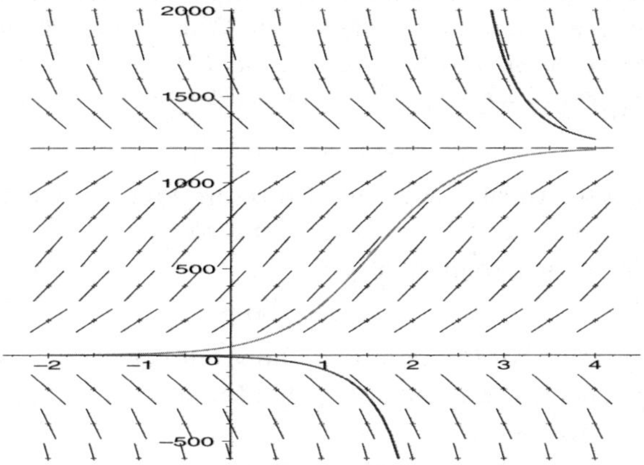

Maple stellt hierzu die Befehle ***phaseportrait*** und ***DEplot*** zu Verfügung. Allerdings fehlt hier jeweils der obere Ast der einen Kurve. Ganz offensichtlich ein Fehler!

Weitere Themen auf der CD: Stabilität von Differentailgleichungen; weitere Beispiele.

[3] Man beachte, dass Maple ohne die Option *discont=true* standardmäßig senkrechte Asymptoten an den Polstellen einzeichnet.

14. Stochastik

14.1 Funktionen zur Stochastik

Autor: Gerhard Bitsch
bearbeitet von L.Diemer und G.Wilke

Die Pakete ***stats***, ***statevalf*** und ***statplots*** sind etwas spröde bezüglich der Benutzung für den Unterricht, da sie auf ein anderes Zielpublikum ausgerichtet sind. Es empfiehlt sich daher, diese Pakete durch einige eigene Funktionen zu kapseln. Außerdem scheint statevalf bezüglich der summierten diskreten Verteilungen fehlerhaft zu sein, was ebenfalls eigene Lösungen erfordert.

Berechnen und Erzeugen von B(n,p): Will man die Binomialverteilung B(n,p) berechnen, so kann man zunächst die Wahrscheinlichkeit P(X=k) wie folgt berechnen: (hier ist n=10, p=0,5 und k=3):

```
> statevalf[pf,binomiald[10,0.5]](3);
```

$$.1171875000$$

Dieser komplizierte Aufruf ist in der Prozedur ***bv*** aus dem Paket ***binomi*** gekapselt. Der vereinfachte Aufruf sieht dann so aus:

```
> with(binomi): bv(10,0.5,3);
```

$$.1171875000$$

Will man eine bestimmte Binomialverteilung häufiger verwenden, kann man die folgende, nur noch von k abhängige Funktion zur Erzeugung einer Binomialverteilung verwenden:

```
> makebv:=(n,p)->unapply(bv(n,p,k),k);
```

$$makebv := (n, p) \to \mathrm{unapply}(\mathrm{bv}(n, p, k), k)$$

Man kann dann wie folgt vorgehen:

```
> b0:=makebv(10,0.5):
> b0(3);
```

$$.1171875000$$

Summenverteilung: Will man die summierte Wahrscheinlichkeitsdichte P(X≤k) berechnen, so kann man die Prozedur ***cbv*** benutzen.[1]

```
> cbv(10,0.5,3);
```

$$.1718750000$$

[1] Die Möglichkeit, statevalf[dcdf,binomiald[n,p]] zu verwenden, scheitert an einem Fehler in der Implementation dieser Funktion.

Auch hier kann man einen abkürzenden Aufruf verwenden, wenn man immer mit der gleichen B(n,p)-verteilten Funktion arbeitet.

```
> makecbv:=(n,p)->unapply(cbv(n,p,k),k);
```

$$makecbv := (n, p) \to \text{unapply}(\text{cbv}(n, p, k), k)$$

```
> cb0:=makecbv(10,0.5):
> cb0(3);
```

$$.1718750000$$

Histogramme: Das Histogramm einer bestimmten Binomialverteilung erhält man am einfachsten mit der Prozedur ***histo***:

```
> histo(10,0.5,color=cyan);
```

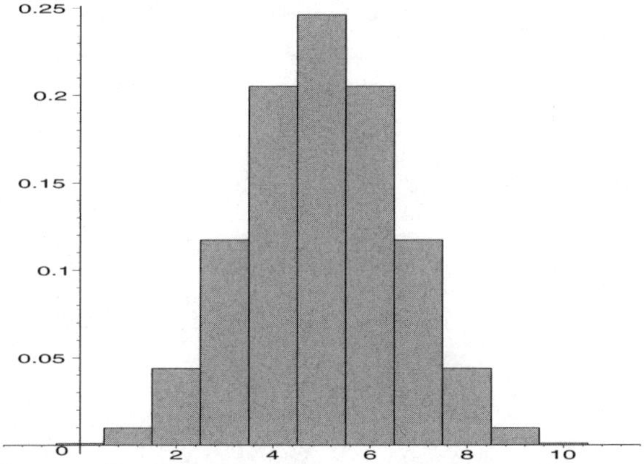


```
> display([ histo(100,0.4,color=cyan), histo(100,0.6,
  color=magenta)], view=[20..80,0..0.1]);
```

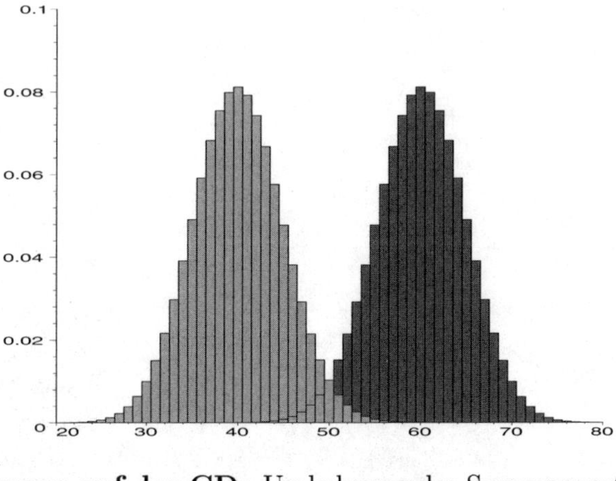

Weitere Themen auf der CD: Umkehrung der Summenverteilung, Werte aus einem Intervall, Testen von Hypothesen, Erwartungswert, Varianz und Standardabweichung.

Literaturverzeichnis

1. **Brochhagen**, H.J. (1995) *Differentialgleichungen in der Schulmathematik.* in: Der Mathematikunterricht, Jg. 41, Heft 2. Friedrich, Velber.

2. **Coombes**, K.R. / **Hunt**, B.R. / **Lipsman**, R.L. / **Osborn**, J.E. / **Stuck**, G.J. (1996) *Differential Equations with Maple.* John Wiley & Sons, New York.

3. **Diemer**, L. / **Bachert**, W. / **Laule**, M. (1997) *Mathematik mit Maple V.* Dümmler, Bonn.

4. **Dorn**, F. / **Bader**, F. (1983) *Physik Oberstufe S* . Schroedel, Hannover.

5. **Enz**, E. (1995) *Differentialgleichungen.* Materialien aus der Lehrerfortbildung für das Fach Mathematik, M37. Landesinstitut für Erziehung und Unterricht, Stuttgart.

6. **Schmid**, A.(Hrsg.) / **Schweizer**, W.(Hrsg.) (1987) *LS Analysis Eins.* Klett, Stuttgart.

7. **Schmid**, A.(Hrsg.) / **Schweizer**, W.(Hrsg.) (1989) *LS Analysis Zwei.* Klett, Stuttgart.

8. **Schmid**, A.(Hrsg.) / **Schweizer**, W.(Hrsg.) (1988) *LS Analytische Geometrie.* Klett, Stuttgart.

9. **Stöcker**, H. (1995) *Taschenbuch mathematischer Formeln und Verfahren.* Harri Deutsch, Frankfurt a.M.

10. **Westermann**, T. (1996) *Mathematik für Ingenieure mit Maple (Band 1).* Springer, Berlin Heidelberg.

11. **Westermann**, T. (1997) *Mathematik für Ingenieure mit Maple (Band 2).* Springer, Berlin Heidelberg.

Sachverzeichnis

3D-Darstellung, 3

Abbildung, 29
– Euler-Affinität, 30
– Parallelstreckung, 30
– Scherstreckung, 30
– Scherung, 30
– zentrische Streckung, 30
Ableitung, 46
Ableitungsfunktion, 37
Abstand
– paralleler Geraden, 17
– windschiefer Geraden, 17
Addition
– komplexer Zahlen, 32
– Vektoren, 11
Änderungsgröße, 71
Änderungsrate, 71
Anfangswertproblem, 77
Animation, 3
Asymptoten, 46
Ausgleichsgerade, 62
Ausgleichspolynom, 63
Ausgleichsrechnung, 62

Berührpunkt, 20
Bestandsgröße, 71
Binomialverteilung, 80
– Histogramm, 81
– Summenverteilung, 80
Bisektionsverfahren, 53
Brennpunkt
– Ellipse und Parabel, 25
Brennstrahlen, 24, 25

Darstellung
– Ebenen, 15, 17
– Geraden, 14, 17
– komplexe Zahlen, 31
– Vektoren, 10
Definitionsmenge, 46
Differentialgleichung
– erster Ordnung, 74
– explizite, 74
– numerische Integration, 74
– Richtungsfeld, 78
– Stabilität, 76
Divergenz, 67
Dynamische Systeme, 71

Ebene, 13, 15, 17
– Schnittgerade, 18
– Schnittwinkel, 18
Eigenvektor, 27, 29
Eigenwert, 29
Einheitskreis, 7
Einschließungsverfahren, 53
– Bisektion, 53
– Intervallhalbierung, 53
– Pegasus, 54
Ellipse, 24
– Brennpunkte, 25
– Brennstrahlen, 24
– Reflexion, 25
– Tangenteneigenschaft, 26
Euler-Verfahren, 74
Extrema, 46
Extrempunkte, 47

Feigenbaumdiagramm, 58
Fibonacci-Folgen, 34
Folgen, 34
– $\varepsilon\, n_0$-Definition des Grenzwerts, 34
– Animation für Grenzwert, 34
– beschränkte Folgen, 34
– Fibonacci-Folgen, 34
– graphische Darstellung, 34
– Grenzwert, 34
– Konvergenz, 34
– monotone Folgen, 34
– rekursive, 34
– Wertetabellen, 34
Fundamentalsatz, 49
Funktion, 8, 9

- Ableitung, 46
- Exponential-, 5
- gebrochen-rational, 5
- Kosinus, 7
- Kotangens, 7
- mehrerer Variablen, 59
- mit Parametern, 8
- Polstellen, 5
- Schaubild, 5
- Sinus, 7
- Tangens, 7
- trigonometrische, 7

Funktionsgleichung, 9

Gärtnerkonstruktion, 24, 25
Geometrie
- Ebenen, 13, 15
- Geraden, 13, 14

Gerade, 13, 14, 17
- Abstand, 17
- Schnittpunkt, 17
- Schnittwinkel, 17

Gleichung, 9
- quadratische, 9

Gradient, 61, 65
graphisches Differenzieren, 37
Grenzwert
- einer Folge, 34
- Integralrechnung, 41

Hauptsatz der D&I-Rechnung, 41

Installationshinweise, 2
Integralrechnung, 38
- Grenzübergang, 41, 45
- Intervallschachtelung, 40, 41
- krummliniges Trapez, 40
- rechnerische Abschätzung, 40
- Unter- und Obersumme, 38, 40, 41, 45

Integration
- Euler-Verfahren, 74
- Modifiziertes Euler-Verfahren, 74
- nach Heun, 74
- Runge-Kutta, 74

Interpolationspolynom, 64
Intervallhalbierung, 53
Intervallschachtelung, 34
Iterationsverfahren, 53, 55
- allgemeines, 57
- Bisektion, 53
- Intervallhalbierung, 53
- nach Newton, 57, 58
- Newton, 55
- Pegasus, 54
- regula falsi, 56
- Sekanten-, 56

Kegelschnitte, 24
- Ellipse, 24
- Parabel, 24

Kochkurve, 34
Komplexe Rechenoperationen, 31
Komplexe Zahlen, 31
- Addition, 32
- Darstellung, 31
- Subtraktion, 32
- Wurzeln, 33

Konvergenz von Folgen, 34
Kosinusfunktion, 7
Kotangensfunktion, 7
krummliniges Trapez, 38, 40
Kugel, 19, 22
- Berührpunkt Gerade-Kugel, 22
- Schnittpunkte Gerade-Kugel, 22

Kurvendiskussion, 46
Kurvenschar, 5

Leitgerade, 24
- bei Parabel, 25

Lösen von Gleichungen, 9

Markovkette, 27
- graphische Ausgabe, 28
- stabile Verteilung, 28

mehrstufige Prozesse, 27
Modellierung, 72

Newton-Iteration, 46, 47, 55, 57
Normale, 48
Nullstellen, 9, 47

Ober- und Untersumme, 38, 40, 41, 45
Operator
- Sequenzoperator $, 6

Ortsvektor, 19

Parabel, 24
- Brennpunkt, 25
- Brennstrahlen, 25
- Leitgerade, 24, 25
- Reflexion, 25

Partielle Ableitung, 60
Pegasusverfahren, 54
Polstellen, 5, 46
Projektion
- Vektoren, 12

Prozeduren

– abbild, 29
– Abschaetzung, 40
– Add3d, 11
– Add_, 32
– afb_scq, 77
– anielli, 26
– aniint.m, 45
– anileitg, 25
– arrow2d, 10, 13
– arrow3d, 10, 13
– ausgleich, 63
– Beispiel_2, 36
– bise, 53
– brennell, 25
– brennpar, 25
– bv, 80
– cbv, 80
– Dar, 31
– DT_ani, 73
– Ebene_3punkt, 15
– Ebene_Ebene, 17, 18
– Ebene_Gerade, 17, 18
– Ebene_punkt_richtung, 16
– ellbild, 24
– Euler_ani, 75
– Euler_graf, 74
– Euler_verf, 75
– Extremstellen, 46
– Feigenbaum, 58
– Flaeche, 38
– Flaeche_einfarbig, 34
– Flaeche_mehrfarbig, 34
– Folgengraph, 35, 36
– Folgenwerte, 35
– Fundamentalsatz, 49
– gaertner, 25
– Gerade_Gerade, 17
– grad, 65
– gradplot, 61, 65
– gradplot3d, 66
– Grafik, 37
– histo, 81
– Iteriere1, 58
– Iteriere2, 57
– k_ani, 73
– Kugel_Ebene2, 20
– Kugel_Ebene3, 21
– Kugel_Gerade1, 22
– Kugel_Gerade2, 23
– Kugeln, 19
– Linkom3d, 10
– linwachs, 72
– logistwachs, 73
– MstProzBild, 28
– MstProzStabil, 28
– Newton2, 58
– Newtonverf, 55
– ParameterPlot, 8
– Part, 60
– Pegasus, 54
– plot3d, 59
– Projek2d, 12
– refa, 56
– regressionsgerade, 62
– Richtfeld, 78
– Root, 33
– Rotation, 69
– Schachtelung, 39
– Sekanten, 37
– Sub, 32
– Sub2d, 11
– tang_ebene, 60
– Tangenskurve, 7
– Tangenten, 37
– taylor1d, 50
– taylor2d, 61
– Teilflaeche, 38
– Umfang, 34
– Unterflaeche, 38
– Vecprod, 12
– Vergleich, 75
– visual_solve, 9
– Wendestellen, 46
– xrotate, 51
Prozess
– mehrstufig, 27

Randfunktion, 41
Reflexion an Ellipse/Parabel, 25
Regressionsgerade, 62
Regressionspolynom, 62, 63
regula falsi, 56
Richtungsfeld, 78
Richtungsvektor, 17
Rotation, 69
Rotationskörper, 51
rsolve, 34

Schaubild, 5, 48
Schneeflockenkurve, 34
Schnittkreis, 19, 20
Schnittkreisebene, 19
Schnittpunkt
– von Gerade und Ebene, 18
– von Geraden, 17
– von Kurven, 9
Schnittwinkel

- von Ebenen, 18
- von Gerade und Ebene, 18
- von Geraden, 17
Schrägbilddarstellung, 3, 17
Schwerpunkt, 19
Seitenmittenviereck, 19
Sekante, 37
Sekantenverfahren, 56
Sinusfunktion, 7
- allgemeine, 8
Spannvektor, 17
Stützvektor, 17
Subtraktion
- komplexer Zahlen, 32
- Vektoren, 11
Systemvoraussetzungen, 2

Tangensfunktion, 7
Tangente, 37, 48
- bei Ellipsen, 26
Tangentenproblem, 37
Tangentialebene, 20, 60
Tangentialkegel, 23
- Berührkreisebene, 23
Taylorreihe, 50, 61
Trapez
- krummliniges, 38, 40

Übergangsmatrix, 27
Unter- und Obersumme, 38, 40, 41, 45

Vektoralgebra
- Divergenz, 67
- Gradient, 65
- Rotation, 69
Vektoren, 10
- Addition, 11
- Darstellung, 10
- Projektion, 12
- Subtraktion, 11
- Vektorprodukt, 12
Vektoroperationen, 10
Vektorprodukt, 12
Vollständigkeit der reellen Zahlen, 34

Wachstum
- beschränkt, 71
- exponentiell, 71
- linear, 71, 72
- logistisch, 71, 73
Wachstumsprozesse, 71
Wendepunkte, 47
Wendestellen, 46
Wurzeln
- komplexer Zahlen, 33

Zeigerdiagramm, 7
Zeitreihe, 58
Zerfallsprozesse, 71